加州飛行300天

一起去加[illegible]吧

三隻菜鳥讓夢想起飛的飛行日記

每個人從小都曾經有過想飛的夢想，
長大之後又有多少人真正實現？
如果在天空翱翔，是你曾經的夢想，
那就勇敢踏出第一步去追夢吧！
因為，自己才是讓夢想起飛的起點。

胖子、鴨子、芒果◎文／攝影

目次

第 3 篇

今天想飛哪？

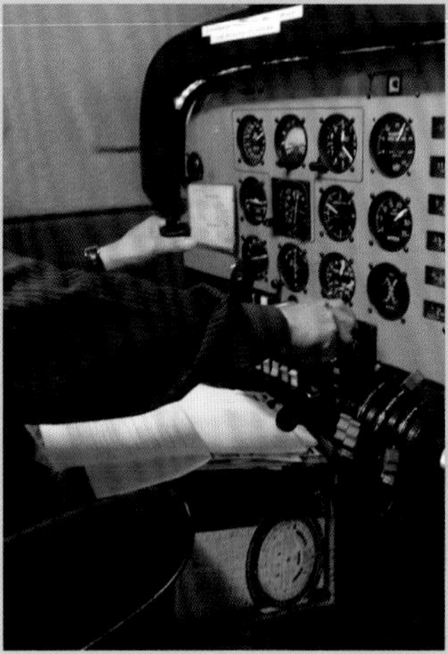

第 4 篇

緊急情況 Mayday Mayday Mayday

第 5 篇

儀器飛行執照課程 Instrument Rating

第 6 篇
商用執照飛行課程 Commercial Pilot License

學飛，難嗎？學會了，就不難了

自從我們從美國加州學飛行回到臺灣之後，周遭的朋友們遇到我們的第一句話就是「學飛行，難不難？」

我們總是會用很淡定的語氣回答：「其實，學飛行就像學開車一樣，學會了，就不難了！」而朋友們大都不可置信地回說：「真的嗎？學飛行真的像學開車一樣嗎？」

飛行並沒有想像中那麼困難

沒有接觸過飛行領域的人，往往覺得學飛行沒有那麼簡單，要把飛機飛上天是遙不可及的夢想，飛行員更是充滿神秘感，讓人好奇與嚮往，正所謂「隔行如隔山」，但是，如果讀者可以透過我們寫的這本小書，對飛行訓練課程有一點基本的認識，就會發現其實飛行並沒有自己想像中那麼困難。

飛行這個職業分為很多種，戰鬥機、民航機、直升機……功能上不只軍用及商務，還有警用與消防，甚至是農用或是工程用……等等；在各種不同的飛行領域裡，飛行工作的內容與甘苦也不盡相同。

但唯一相同的是要從一隻乳臭未乾的雛鷹蛻變為振翅高飛的老鷹，必須付出許多汗水與淚水，飛行所需具備的知識、健康的體格、敏捷的思考能力，缺一不可；然而在這段飛行員養成的過程中，最有趣的階段便是菜鳥學飛的經歷了，因為熱情、因為理想，所有遭遇到的困難、辛苦都可以讓每一天過得非常精彩。

一起讓夢想起飛

素昧平生，三個來自臺灣愛好飛行的菜鳥，在異鄉巧遇，一起為了圓夢而努力，吃苦當吃補，最終完成飛行訓練，讓夢想順利起飛；返臺後，也都先後進入航空公司服務，種種的緣分及好運，讓我們三人成為無話不談的好朋友，常聚在一起回顧美國飛行的往事，因為想與大家分享，也就促成了這本小品的完成。

不想以太嚴肅的方式講述飛行的大道理，而是利用這趟飛行訓練過程所發生的大小故事，讓讀者可以體會飛行過程中有趣的部分，是我們撰寫這本書的初衷，也是對我們人生過程的一點紀錄與感謝。

期待台灣未來的天空越來越精彩

近年來，休閒性質的飛行在台灣越來越受到重視，雖然不及美國在普通航空這一個區塊已經發展得相當成熟，但有了正向的發展也是一個好的開始，希望這個「好的開始」可以讓更多人實際嘗試飛上天空，體驗其中的樂趣與奧妙。期待台灣的天空在未來能夠越來越精彩、豐富。此外，也非常感謝華成出版社的編輯群非常體諒，並且幫助我們三個毫無出版經驗的菜鳥，才能讓這本小小作品能夠順利付梓！

El Nido
Fairmead
Berenda
CHAPMAN (Pvt)
Dairyland
MADERA (MAE)
TRIANGLE T
EL PECO
Firebaugh
power station
COURSE
ARROW
asa
N2452T

第1篇

我們都有飛行夢……

每個人在小時候，都曾經在最八股的作文題目「我的志願」，寫過未來的夢想，長大之後又有多少人真正實現？安逸的生活舒適圈是不是漸漸侵蝕了埋藏在心中那個喜歡冒險的你？

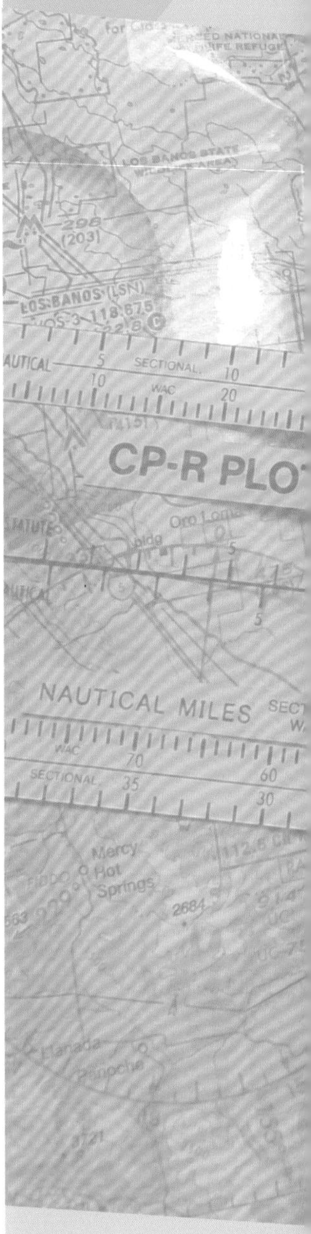

第 001-040 天

飛行故事的起點

佛雷斯諾（Fresno）

在美國加州中部沙漠裡，有一個不只一般遊客不太會造訪，就連美國人也不是很熟悉的地方—佛雷斯諾（Fresno），因為，這是一個以農業為主的城市，很多移民勞工來到這裡務農，而它跟大多數的美國城市一樣很瘋橄欖球，也很愛吃牛排堡，最有名的一間餐廳叫做Dog House。

另外，值得一提的是這個城市有一所加州州立大學佛雷斯諾分校（California State University Fresno），而佛雷斯諾所有的年輕辣妹好像都只在這所大學的圖書館出沒。

簡單說，如果你只來佛雷斯諾幾天一定會覺得很無聊，但對於來這裡學習飛行的鴨子、芒果、胖子三隻菜鳥來說，卻是一個永遠忘不了的城市，因為那是他們飛行夢想起飛的地方。

首先介紹第一男主角「鴨子」，

飛行訓練就此展開，佛雷斯諾的夕陽守護著每一位等待飛翔的雛鷹

叫他鴨子不是因為聲音難聽的像鴨子叫，而是他曾經是醫藥界的一員，熟悉各種疾病及治療方法，大家看到他都要尊敬地喊一聲「嗨！doctor」喊著喊著就變成了「嗨！doc，嗨！duck……」。

鴨子的專長不意外的就是很會念書，舉凡民航法規、飛行原理、航路規則……等等複雜又難懂的原文天書，到了鴨子手上都可以輕鬆地被整理成一本本的筆記，變的好學易懂，直到現在，即使已經事隔多年，他的筆記依然被流傳在後續來學飛行的學弟妹手裡。

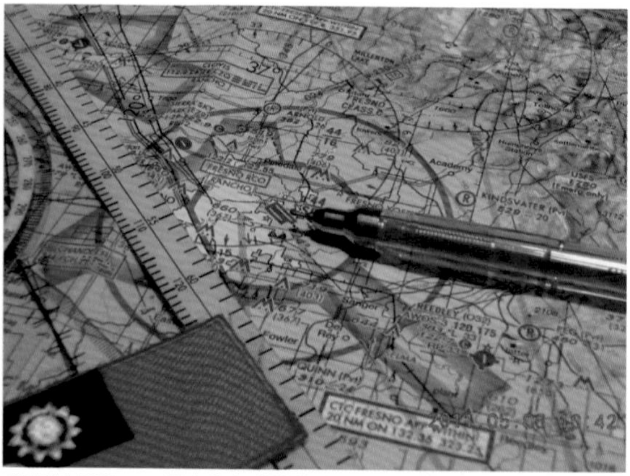

夢想的起點，三個來自臺灣的菜鳥，民航機師飛行生涯就此開始

而「芒果」呢？典型的從小就想飛行，涉獵不少航空業的相關知識及八卦，有任何飛行相關的訊息問他就對了，而他也是三個人裡面年紀最小的，服完兵役就打包到了美國，年輕就是他最大的本錢，學習能力強，一點就通，簡直就是天生的飛行員。

「胖子」是三個人當中，年紀最大的，挾著曾在空軍飛過戰鬥機的優勢，飛行底子扎實，不過念書是最令他頭痛的事，本著六年級生不服輸的精神，默默地埋首苦讀，還好也沒有輸大家太多，由於有年紀的時間壓力，三個人裡面他最快完訓回臺灣，羨煞不少同學。

到飛行學校第一個震撼教育：厚厚的一疊原文書

三個人在差不多的時間來到飛行學校，由於性格天差地遠，讓他們彼此的學習過程有著截然不同的際遇，也讓彼此間互相交流的學習方式更加有趣。鴨子總是能很快地掌握課程重點，胖子則會提出很多飛行技巧，而芒果最常點出大家沒注意到的細節，不到一個月的時間，三個人就已經成為超級好麻吉，而學習飛行的過程，有了好朋友的陪伴與鼓勵，也就顯得沒那麼困難了。

所有的飛行課程從地面學科開始，領了厚厚的一疊原文書，跑到附近大學的圖書館一本一本的慢慢啃，有一種在念醫學院的錯覺，恨自己當年沒有像現在這樣用功，不然考上台清交也只是剛好而已；枯燥乏味的閱讀要怎麼排解呢？圖書館裡不時晃過去的金髮辣妹，大概就是唯一保養眼球的小確幸了。

完成一些基本的地面學科，大概一星期後，大家都陸續開始「實機飛行」，而第一次飛上天又是什麼感覺呢？說實話，緊張大過於興奮，程序的繁雜所造成的忙碌常常覺得腦容量真的不夠，航管的無線電通話好像鴨子聽雷，而且飛機總是不聽話，常常不知道要飛去哪個方向，若不是旁邊的教練指導，眾多的「無頭蒼蠅」還真是加州天上最危險的動物，更別提誰會有空欣賞美麗的風景了。

前幾趟飛行下來，大家都是滿身大汗，回到宿舍倒頭就睡，往往醒來已經不知道是猴年馬月了，一直到了大概累積十小時左右的飛行時間，才漸漸有辦法體會一點點飛行的樂趣，而飛機也不再跟自己唱反調。

就在一切狀況剛開始有點上手的時候，已經不知不覺過了一個多月，而大家也因為壓力瘦了一小圈，就在想要喘口氣的時候，翻開飛行記錄本（Log book），赫然發現，已經到了要考單飛的時候了。

第一次飛行，看到這麼多儀表，即使三頭六臂也無法將「小湯姆」征服

龐大的小湯姆機隊，蓄勢待發

飛行資訊佈告欄
For Your Information

小湯姆

Piper PA-38 Tomahawk 飛行教練機，採用萊康明 Lycoming O-235 的四汽缸活塞式引擎，雙座、低翼、T 型尾，是飛行學校常用的初級教學用飛機之一。

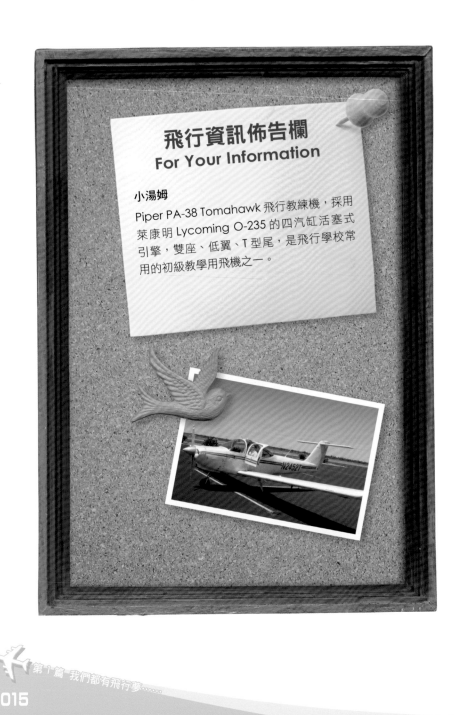

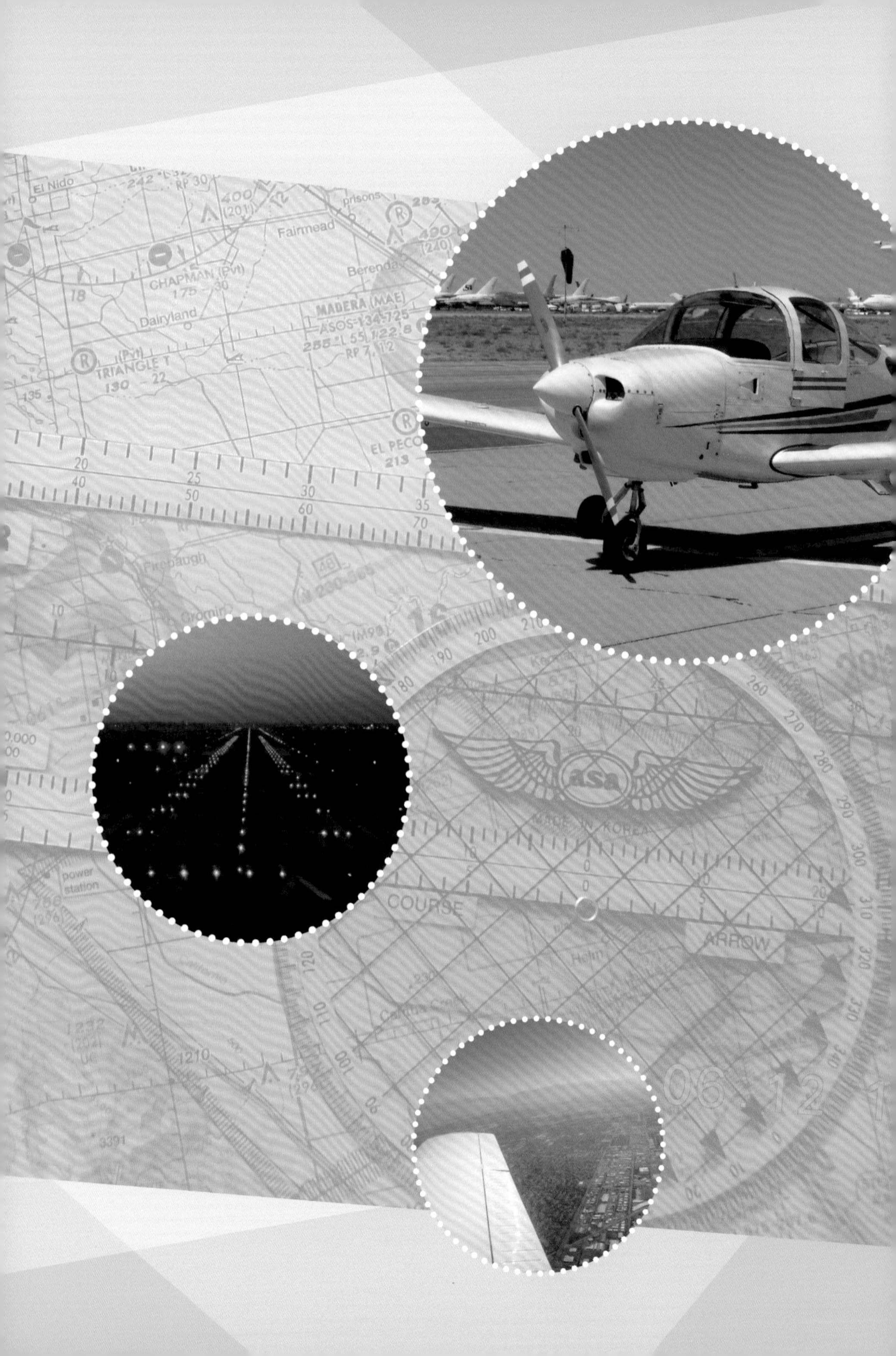
El Nido
prisons
Fairmead
Berenda
CHAPMAN (Pvt)
175 - 30
Dairyland
MADERA (MAE)
ASOS 134.725
TRIANGLE T
130 - 22
EL PECO
213
COURSE
ARROW
MADE IN KOREA
power
station

第2篇

私人飛行執照階段

Private Pilot License

飛行的生涯裡會有很多「第一次」……但你永遠不會忘記第一次自己的單獨飛行！

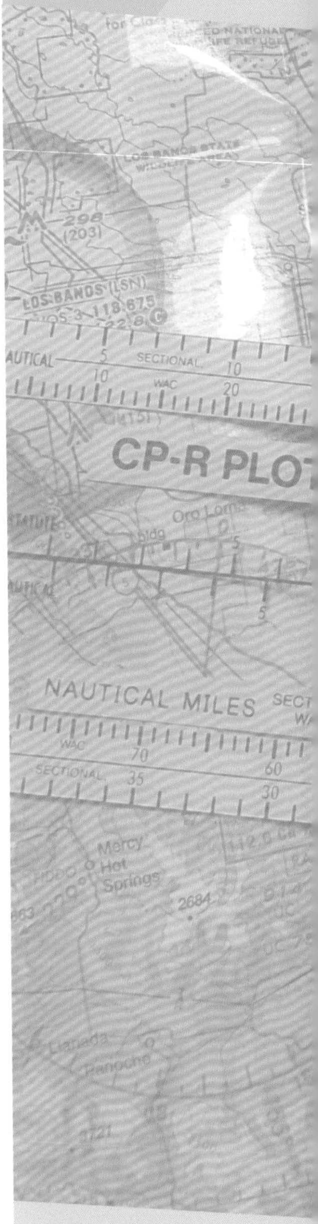

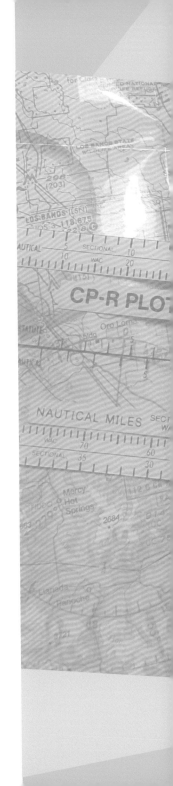

第 045 天
胖子的首次單獨飛行沒那麼簡單

佛雷斯諾（Fresno）→
馬德拉（Madera）

「胖子！你明天跟誰考啊？」芒果跟鴨子一聽說胖子明天要考單飛，就迫不及待地跑來關心。

「很重要嗎？跟誰考還不是都一樣。」胖子總是一副無所謂的樣子。但認識他的人都知道，由於當年在空軍接受飛行訓練打下的基礎，所以即使事隔多年，飛行的手感依然沒有絲毫的生疏；而且，對一個十年前就放過「單飛」的人來說，應付繁瑣考試程序的擔憂與煩躁，早已蓋過了即將放單飛的喜悅。

「學會騎腳踏車後，多年不騎還是不會忘。」這句話是臭屁的胖子最常說的話。

考試當天早上，胖子一早就到了學校，看天氣預報、飛機機務狀況、複習考試程序。鴨子也早早到了學校，一看到胖子就猛虧：「不是沒在怕嗎？這麼早來是怎麼樣！」

胖子抬頭看著鴨子，眼神卻沒有聚焦，嘴巴裡碎碎念著等一會飛行考試的程序，完全沒有回應鴨子。

「哼！還說不緊張。」鴨子沒好氣地找了一張桌子坐下來吃他的墨西哥捲早餐。

上飛機前，胖子比考試官提早半小時到達飛機旁邊，飛行前檢查也是考試的一環，只是對胖子來說這不是重點，提早到的目的只是為了要跟飛機培養感情。

「寶貝啊！等一下考試要靠妳多幫忙了，翅膀不要歪，機頭別亂偏，油門反應要快一點啊！」喃喃自語的胖子對著飛機講了一大堆話，絲毫不知芒果已經站在後面，笑彎了腰。

「這是哪招啊？都不分享的喔！」

「你不懂啦！我這個叫『人機一體』。」胖子也覺得很糗，絕招居然被發現了……

一小片烏雲緩緩地飄過機場上空，胖子單飛資格考的飛機漂亮地降落在機場。

考試並沒有花費太久的時間就結束了，胖子跟著考試官剛回到教室，還沒來得及喝水，許多同學就簇擁上來，道賀恭喜的聲音不絕於耳，胖子面無表情地沒有回應任何人，鴨子看情況不對，一把就把胖子拖到角落，「靠！不會是『failed』吧！」鴨子真是神算，一猜就中。

胖子準備飛行，絲毫不敢大意

考試前，胖子並沒有讓考試官知道自己曾是空軍飛行員的背景，考試官也說胖子的起飛跟落地都沒有問題，但考試沒過的原因是為何胖子的飛行手法跟學校的教法不太一樣，這一點讓他很困擾也不放心，因為他懷疑胖子今天表現正常是「矇到的」。

聽完了考試官的講評，胖子最後才透露自己其實已經有飛行經驗這件事，所以平常練習時，帶飛教練並沒有要求一定要用制式的飛行方式，而是放手讓他用自己的方式飛行。

考試官聽完，覺得又氣又好笑，離開之前丟下一句「為何不早說啊！浪費大家時間，再飛一課之後再考一次。」

在旁邊偷聽的同學已經笑翻了兩圈，第一次聽到考試沒過，是這種原因。

「愚蠢！」是芒果對這件事情下的完美註解。

第二次的考試當然也就順利地過關了，想當然爾完成這個考試對胖子來說是再平淡不過了，當天晚上沒有各種慶祝儀式，只有自己一個人倒了一杯威士忌加冰塊，算是給自己又完成一個階段的小小鼓勵。

兩天之後，胖子跟教練一起來到一個距離學校十分鐘航程叫做馬德拉的小機場（Madera Municipal Airport），準備完成在美國的首次單飛；程序是這樣的，先跟著教練飛兩到三個起飛跟落地，表現正常的話，教練就會下飛機，然後，你就可以自己把飛機飛上天，完成一個起飛跟落地後，就算完成了「首次單飛」。

胖子很輕鬆地帶著教練飛了三個起飛跟落地，教練在下飛機前跟胖子說：「好好享受一個人的飛行吧！」

胖子卻意興闌珊地回答：「放心啦！我會活著回來。」

胖子在美國的首次單飛順利起飛了

同樣是一個人的飛行，但已經沒有首次單飛的喜悅

起飛之後，胖子望著遠方的地平線，回想起十年前在空軍官校第一次放單飛的情景，由於軍方的教練機是前後座的配置，所以當時起飛後，還會回頭看一下後座是不是真的沒有人了，確定後座真的空蕩蕩時，不自主興奮地大吼大叫，不一會兒冷靜下來才開始煩惱自己要怎麼把飛機降落回機場這個問題，所以當時喜悅的心情只維持了五秒而已。

回過神來，胖子看著右邊教練的位置空著，一樣是自己一個人飛行，但心情已經不再有太多的起伏，跟以前相同的是依然小心翼翼，而不同的是，豪情壯志似乎已經遠去，學飛行也只是為了將來靠這個一技之長掙口飯吃。

落地之後，胖子見到教練拿著剪刀走過來，簡直嚇死了，急忙婉拒教練想為他進行「剪襯衫」儀式，理由是這並不是人生的第一次單飛，但其實是因為胖子今天穿了一件Armani的新襯衫，教練見狀也不想為難他，但還是默默地塞了兩張小聯盟的球票給他，算是一點心意。

芒果跟鴨子此時早已經埋伏在宿舍的客廳，等著拗胖子一頓好料的晚餐，好兄弟誰管你是第幾次單飛，重點是有得吃就好，幾杯黃湯下肚，大家滿足地賴在沙發上，這又是一個典型「明日不飛行」的夜晚。

飛行資訊佈告欄
For Your Information

完成單飛後剪襯衫儀式

早期的飛行教練機是前後座的，教練跟學生之間也沒有耳機可以通話，所以當後座教練需要跟前座的學生說話時，會先拉一拉學生襯衫背後的一截衣角，以達成教學的目的，當學生已具備單飛能力並完成首次單飛後，代表教練已不需要再拉衣角來做提醒，所以剪掉襯衫的衣角就是一種代表肯定學生飛行能力的儀式。

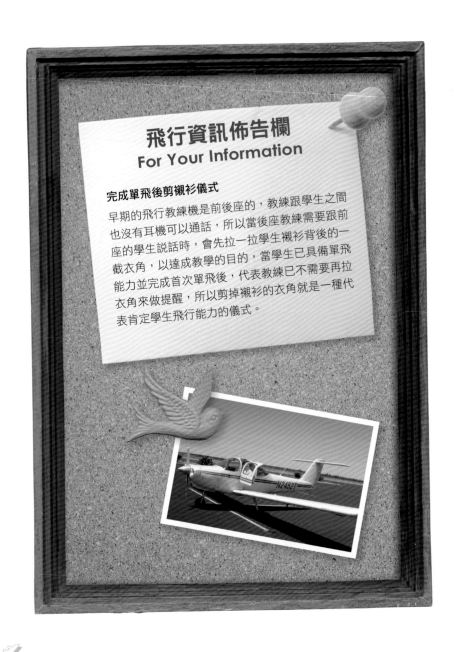

第 050 天
鴨子的首次單獨飛行

佛雷斯諾（Fresno）→
馬德拉（Madera）

對飛行一竅不通的鴨子，獨自來到加州學習飛行，經過了許多學科、術科訓練及考試，這一天，鴨子終於獨自坐在飛機中滑行，而自己的教官則在一邊微笑著揮手送他離開。飛機滑行在馬德拉機場的滑行道上，三個月前剛開始訓練的回憶，也一幕一幕湧上鴨子的心頭⋯⋯

「你好！我叫鴨子！是新來的學生！」（數年後，鴨子才意識到「這句話」是所有喜劇&鬧劇的開始⋯⋯）

「嗨！你好，我是芒果！」一位學長很親切地回應了鴨子，而鴨子看著這個自稱芒果的宅男樣，想說這類人應該不難相處。

「明天是你的第一堂飛行課吧？我跟你說，第一次飛行的重點是⋯⋯」芒果跟鴨子簡單寒暄以後，就很熱心地開始向鴨子分享飛行經驗及重點，並同時說了一下機場的空域及相關注意事項⋯⋯

「轉彎要注意微微的帶機頭，並且用一點點舵，眼睛要偷偷瞟一下轉彎協調表（turn coordinator），裡面的小球不要讓它跑掉，這樣才會是一個標準的轉彎！」

芒果說到一半，忽然有一個人很大聲地打斷他：「吼唷！芒果你不要亂教新來的啦！飛個小湯姆有那麼複雜嗎？」

鴨子本來很認真聽著卻忽然被打斷，他回頭想看看是誰對剛取得第一張執照的芒果如此不客氣。怎知一回頭，心中只出現《浮生六記》那句：「忽見龐然大物，拔山倒樹而來」啊！

一個大概一百七十公分左右，目測體重起碼八十五公斤以上的胖子，身上的 T-shirt 已汗濕，右手提著一個軍用手提袋及飛行耳機，左手把簡報室的椅子一張一張「丟」開，向芒果及鴨子靠近。

「哩洗嘞靠喔，死胖子！一起過來指導一下學弟啊！」看芒果一派輕鬆的樣子，就知道這兩人交情應該不錯。

芒果開始居中介紹：「這是新同學『鴨子』；鴨子，這位學長是『胖子』，飛行技術在我們這邊可是第一的唷！」

「哪有那麼多廢話啊！走啦走啦，我餓了，邊吃邊聊啦！」胖子在旁邊只想著吃，完全沒在管迎新什麼的，肥頭胖耳的身材果然不是一天可以養成的。

一頓飯的功夫，鴨子終於知道這個胖子是何許人也。原來胖子曾經是空軍飛官，飛我們的初級教練機對他來說就像開車一樣，只是操作一種交通工具罷了！

「你只要記住系統、法規、程序就好了，至於能不能操作好飛機，就看你個人的領悟力及造化！你能通過空勤體檢，想必是正常人，是正常人都一定可以學會開飛機，只是快或慢罷了！」胖子吃了很多很多食物後，一邊喝著熱茶一邊說著，而鴨子聽完以後，只覺得這兩位學長好神，把「開飛機」這件事說得跟吃飯睡覺一樣簡單。（多年後，鴨子才真正領悟到：學會了，就不難了！）

讀書對鴨子來說不是什麼難事，但操作飛機這件事真的需要心領神會了！從一開始的飛行科目：直線爬升、直線下降、平飛轉彎、轉彎上升、轉彎下降……等等基礎飛行科目，鴨子都還能掌握。通過了第一次的進度考之後，就開始準備進階科目了。第一階段進階科目（失速改正、S型轉彎與盤旋轉彎、起降航線、落地）就是為了首次單飛而訓練的，因為單飛時就沒有教官在一旁保護你的安全了。

失速改正（Stall recovery）：「失速」並不是失去速度，而是「失去升力」。因為飛機可能會在任何高度、任何速度出現失速的情況，所以要保證每一個飛行學員都知道失速的徵兆，以及修正的操作方法。

S 型轉彎與盤旋轉彎（S turn & Around a point turn）：在很多情況下，多半是因為機場跑道繁忙，航管會要求你在機場起降航線上做上述兩種轉彎，以拉開兩架飛機的間隔，這樣的動作需要同時考慮風向變化，來做各種轉彎的修正。

起降航線（Traffic Pattern）：任何機場的起降航線，都分為五邊，第一邊（Upwind leg）指的是起飛後一直維持跑道航向，直到跑道虛擬的延長線；第二邊（Crosswind leg）是第一邊左轉或右轉九十度，一般來說是在跑道延長線上高度比機場海拔高五百呎時進行轉彎；第三邊（Downwind leg），以小飛機而言，大概是離跑道中心線五浬，與起飛跑道航線轉一百八十度，比機場海拔高一千呎；第四邊（Base leg），在第三邊通過跑道頭後開始下降，再轉九十度準備對準跑道；第五邊（Final leg）則是進場落地前最後一邊，對準跑道以及盡量維持約三度的下降角度落地。

至於落地，最重要的就是「拉平飄」（Flare）這個動作的量與時機。一般來說，都是大約離地三十呎高的地方開始將機頭帶平並收光油門，接著以持續柔和的動作讓飛機呈五度仰角的落地姿態，而鴨子在練習時，因為對「三十呎」這個高度掌握得並不好，造成飛機觸地的地方往往比預定地遠一些。

「吼！三十呎就三層樓高啊！你是沒去過三樓喔！」當鴨子提出這個問題時，胖子又十分沒耐心地說著。

「我知道啊！但飛機下沉率（Sink rate）一加上去，我就是抓不到三十呎時帶平飄的感覺啦！」鴨子無奈地跟胖子說道。

此時芒果也跟鴨子說：「其實，任何一個機場的第五邊基本上都是一樣的，說真的，這時候卡關很正常，但突破這個瓶頸以後，你就會發現……」

聽芒果這樣說，鴨子趕緊追問：「發現什麼？」

芒果接著說：「突破這個瓶頸以後，你就會發現……還有瓶塞是無法突破的！哈哈哈哈哈哈哈哈哈！」

鴨子聽完整個無言，想說這個死宅男又是從哪裡看來的網路負能量語錄，都到這個節骨眼了，還給拎北練肖話！

此時，胖子漫不經心地叫鴨子跟他走到樓梯口，然後，站到樓梯旁邊，眼睛不要看樓梯，直視前方。

「學長，你該不會是要把我踢下去吧？不要啊……這樣可能會喪失體檢證啊！」鴨子有點驚恐，因為誰也不知道胖子想幹嘛？

「去你的，我是這樣的人嗎？」胖子沒好氣地說（鴨子點頭），「我是要幫你啦！你現在走下樓梯，眼睛直視前方！」鴨子雖然有點疑惑，但還是照著胖子說的這樣做了。

「你有沒有看到，現在感覺不是你走下樓梯，而是一樓的地面向你浮上來，落地拉平飄大概也就是這樣的感覺啦！」鴨子恍然大悟，想說胖子雖然人胖、嘴賤、沒女友，但的確是有兩把刷子！

經過胖子的一番指導，鴨子順利地通過單飛資格考，而通過單飛資格考後的第二天，鴨子的教官安排跟鴨子一起飛，而當鴨子在準備載重平衡的資料時，教官站在旁邊微笑著說：「你忘了做一個人的重量配置唷！」

鴨子聽完，傻了一下，問教官：「是今天嗎？」

教官回答：「對飛行員來說最重要的一天：首次單飛，往往就是這樣，不會前一天預告，而是自然而然的發生啊！」

鴨子與教官駕機來到馬德拉機場，教官說：「現在，給我兩個安全的完美落地，然後再滑進停機坪！」鴨子聽完，就把訓練與考試時所學，很好的展現給教官看了之後，將飛機滑進停機坪，關上引擎。

教官問鴨子：「你準備好了嗎？」

鴨子回答：「我準備好了！」說完，教官叫鴨子把飛行記錄簿跟體檢證拿出來，在上面寫下了執業教官的授權，讓鴨子單飛。

「你這個搗蛋鬼，記住，別給我幹任何蠢事！」教官寫完以後，不忘耳提面命一番，畢竟鴨子的頑皮是全校有名的！

「好啦好啦！你可以走了……我等下回來接你，愛你唷！」鴨子沒好氣地回答。

而教官給了鴨子一個白眼說：「別跟我說那樣肉麻的話！我又不是你的馬子！」說完，教

鴨子放單飛前，教練準備下飛機

官拿起無線電對著馬德拉機場的通信頻率說：「學生飛行員首次單飛，保持在馬德拉機場30跑道左起降航線！」然後就下飛機了。

機艙內只有鴨子一人，按照程序重新開動引擎後，鴨子看到教官在停機坪上對他揮手，接著就開始拿手機打電話給女友聊起天了。

鴨子心想：「靠！你學生首次單飛，不幫忙好好記錄，還打電話跟馬子聊天嘞！」鴨子緩緩將飛機滑入跑道，加足油門，獨自將飛機駛向藍天。

首次單飛的經歷是永生難忘的。座艙中，沒有教官在旁邊雞雞歪歪，只有自己一人和引擎的轟鳴聲，這架飛機完全在自己的掌控之中。是的，單飛就是證明你有安全駕駛飛機起降的能力了。即使沒人在旁邊提醒跟協助，但既然能通過資格考，你還是能夠按部就班地把每一件事情做好，獨自翱翔在藍天之中。三個連續起降，一眨眼的時間就完成了，人們都說快樂的時光特別短暫，這種「短暫」感覺在首次單飛特別明顯。

鴨子將飛機滑回停機坪，教官已經在那裡等他。鴨子一下飛機，教官就對他說：「恭喜你！能在飛行時間僅僅十九小時就達成首次單飛的目標，我為你感到驕傲！」接著教官就與鴨子自拍合照，並且一起在停機坪邊抽菸。

教官邊抽著菸、邊說：「我個人建議你，等等把手機跟香菸都放在包包裡，別放在口袋了！」

鴨子心情還在亢奮中，吸了一口菸回答：「有差嗎？我習慣放在口袋裡啦！」而教官聽了鴨子的回答，什麼也沒說，就神祕地微笑了一下……

飛回佛雷斯諾機場，滑回停機坪就看到胖子及兩個同學已經站在停機坪上揮著手歡迎鴨子凱旋。停好飛機後，胖子跑來機艙邊對鴨子說：「趕快下來照相啦！東西先不要收！」鴨子看著胖子開心的表情，就跟胖子還有其他兩個同學一起開心的合照。

單飛後可以拿到一個小小飛鷹

教官拿著相機幫大家拍了幾張合照後，胖子說：「鴨子你自己獨照一張吧！」而鴨子站在飛機引擎邊，正在開心興奮地回想剛剛首次單飛的情景時，「唰…………」一大桶冰水從他的肩膀一直淋到腳，連鞋子裡面都灌滿了水！然後，就看到胖子、教官、其他同學笑到彎腰。

鴨子回頭一看，另一個同學拿著空水桶匆忙逃走，十二月的中加州上午，氣溫大概只有攝氏十度，鴨子瞬間開始全身發抖……

鴨子瞪著胖子：「啊！不是說冬天不玩這個嗎？昨天晚上我們還說好的！」

原來在這個飛行學校有一個傳統，在首次單飛後，要進行一整桶冰水「洗禮」的儀式，但冬天實在不太適合玩這個啊！

胖子回答：「誰跟你說好了……是你自己的教官趁你在馬德拉剛滑出去的時候，打電話回學校，學校還廣播說你在馬德拉單飛，等等要有空的學生一起到停機坪去好好『歡迎』你啊！」

鴨子聽完，瞬間把眼神移到教官臉上，教官一邊大笑，一邊對鴨子做了個鬼臉說：「我剛剛就提醒過你了，誰叫你沒聽懂！哈哈！」鴨子瞬間恍然大悟，原來教官那時打電話不是跟女友聊天，而是在安排我的「歡迎儀式」。

啊！下一秒，鴨子好像又想起了什麼……「靠！我的手機……！」

自從鴨子被一整桶冰水洗禮過後，想說要改一改這個不良習俗。於是，在那位拿著一桶冰水躲起來暗算他的同學，於次年二月單飛後，就在攝氏五度的晚上十一點號召了所有同學，把這個同學從被窩裡拖出來，逼他自己跳入宿舍的露天游泳池中……從此開始，傳統就從「一桶冰水洗禮」改成「自己跳水洗禮」了……

第 055 天
芒果的第一次越野單飛
(Solo Cross-Country)

佛雷斯諾（Fresno）→
普萊瑟維爾（Placerville）

芒果的首次越野單飛準備出發了

「嘿，兄弟，你知道……我很想也很願意幫你。但是，你應該也在頻道上聽到了，我們現在真的是有一點忙不過來。」航管正在跟飛行中的芒果對話，其實在航管還沒通知前，芒果早就心裡有數。剛過去的二十分鐘，芒果飛機所在的這個空域中，四面八方至少湧進了二十幾架大大小小的飛機或直升機。不同的高度，不同的航向，不同的需求，整個頻道上每個人你一句我一句，不停地跟航管溝通，沒有一刻是平靜的！光聽就知道航管快忙不過來了。不過這也不是航管沒能力處理大家的需求，誰叫突發狀況來的那麼兇猛又快速。

「沒問題啊，我了解你們現在的狀況，我自己可以的，沒關係，可以不用管我。」芒果裝酷、裝冷靜跟航管拍胸脯保證沒事，其實心裡已經緊張到不行。

剛起飛地標都很明顯，公路及城市都是辨別位置的參考

畢竟今天是芒果第一次遠距離越野單飛，一百三十浬的距離，旁邊沒有半個人。不管發生什麼事，全程必須靠自己，就算是課程沒有提到，教官沒教的突發狀況也一樣。

「太好了，謝謝，你幫了個大忙！其實截至目前為止，你都做得很好─航向沒有偏離，飛行速度正確，也在你自己規劃的航路上面。接下來這段路上就一直保持目前的高度，以這種狀態再往前飛個十幾分鐘，應該就會看到你預計降落的機場了。」鬆了一口氣的航管，才剛向芒果講完，就又有其他航機緊急地在頻道上講話。

「那現在麻煩你保持目視飛行，把識別器號碼轉成一二○○，雷達服務終止，剩下的就祝你好運啦！」應付完其他航機的航管跟芒果講完這些指示之後，就繼續在頻道上忙碌，接下來就只能靠芒果自己完成了。而這時的芒果心中只有一個想法：「等今天的飛行順利結束，回航後一定要大力地揍教官一拳！」

其實，今天是芒果的商用飛行執照中第一堂越野單飛課程，芒果在這堂課必須完成一趟距離超過一百浬遠的飛行。

從上飛機那一刻起，駕駛艙裡就只有他一個人，他必須有能力應付整趟飛行中發生的任何事情、處理大小突發狀況。本來芒果想說這是第一次，應該把風險降到最小（其實就是膽小？），因此原本計畫去一個之前跟教官做越野雙飛時飛過的機場。雖然之前飛的時候做的是夜間飛行，不過至少路徑是一樣的，只差在白天跟晚上，而且機場位置也不會跑，晚上找的到機場，白天應該也不會太難吧！芒果照例在前一天晚上把飛行計畫做好，一大部分資料還偷偷抄上一次的飛行計畫，整個信心滿滿地來到學校，準備完成今天的課程。

「這啥？」教官邊翻芒果給的資料、邊問。

「今天的飛行計畫啊！」芒果不假思索地回答。

「這機場我們上次不是已經去過了嗎？」教官邊說、邊往電腦的方向走。

「你給我改飛去這裡。」教官用電腦打上了普萊瑟維爾（Placerville）機場的名字。

「這是一個在山上的機場，機場標高跟你目前所去過的機場都不同、五邊飛行（Traffic Patterns）的開始高度也跟你之前操作過的機場不一樣、由於這個機場有二五八五呎高，飛機在

飛到郊區之後，漸漸就是只有大片農田的景象了

這高度起降的性能也不一樣，而且，山上的天氣也跟一般你在峽谷飛行的時候不一樣。總之就是『全部都不一樣』，你沒有辦法用以前用過的資料去複製出一份飛行計畫。因為，從一開始的起飛、爬升、航行，到開始下降的計畫，都會跟你以前飛過的不同。你就用這個機場當目的地再做一份飛行計畫給我，祝你好運啦！」教官像機關槍般丟下一串話，掉頭離開教室去吃早餐，留下一臉錯愕的芒果。

「靠……什麼？這什麼鬼？普萊瑟維爾？這什麼鳥地方？」芒果當下整個驚慌，趕緊在網路上查出第一次聽到機場名字的相關資料。

普萊瑟維爾機場是一個位在加州東邊的山上機場，附屬於普萊瑟維爾市，機場就蓋在山坡上。

從佛雷斯諾飛過去沿路上比較明顯的檢查點就是山上的城鎮、水壩或是湖泊。芒果查完了所有資料，硬是趕在教官吃早餐的這段時間，重新規劃了今天要去的目的地。

手忙腳亂之間，芒果倒也硬生生把新的一份飛行計畫生了出來，好險沒難產。享用完早餐的教官，露出一臉賊笑的表情，一副就是「哈哈！想偷懶！我整到你了吧！」看過新的飛行計畫後，教官很乾脆地同意芒果去執行今天的課程，畢竟機場是他吃早餐前臨時選定的。不過，原本以為今天最大難關是在目的地機場的芒果，想都沒想到會碰到從開始學飛到現在都沒有遇過的狀況，而這次並沒有教官在旁邊協助指導與幫助！

飛機在加州優勝美地國家公園西北邊的八千呎高的空中，天氣狀況良好，飛行狀況一切順利，直到芒果轉到航管的下一個頻道之後，整個世界居然瞬間變了樣……。

因為加州乾旱缺水的關係，連日以來都是豔陽高照，乾燥的空氣加上嚇人的高溫，使得加州的山區森林發生了森林大火！由於事發突然，在芒果從本場起飛之前這一切根本還沒發生，而現在加州山區的天空成了領空交通最繁忙的地方！各地趕來的救火直升機、撒水飛機、救援飛機以及醫療飛機，從失火森林上空四面八方趕來，航管想當然爾忙得不可開交，根本連理芒果飛機的時間都沒有。航管人員在跟芒果溝通過後，就請芒果自行保持目視飛行，他已無暇再提供雷達服務了。

而在飛機上的芒果，也不是完全事不關己，因為火災的關係，在他前方下面的森林裡面升起了陣陣濃煙。剛好就在他要飛越的航道上面。濃煙迫使芒果必須要偏離原本的航道，躲過這些發生火災的區域，在保持安全距離之後，再重新計算目前偏離了多少距離，要怎麼回到原來的目的地機場降落。

芒果必須要考慮新的航向，新的風向，跟剩下的燃油到底夠不夠用。他在八千呎的空中，一手開著飛機，另一手拿著航圖，重新找到自己的位置，測量距離，重新規劃航線，再拿航空用計算尺 E6B 計算時間跟油耗，等於是在空中重新做了一張飛行計畫！此時此刻最難的已經不是在找普萊瑟維爾機場，而是如何用剩下的一隻手做完全部的事情！

不幸中的大幸，躲過森林大火後，沒有再發生其他重大的事情，芒果終於找到了他這次要去的機場——普萊瑟維爾機場。順利落地之後，芒果深深地感覺到，飛行的第一條定律就是「莫非定律」，在空中真的什麼料想不到的事情都會碰到，這也說明了平常的訓練就要非常的扎實，真正碰到問題才不會慌亂，也才能拿出正常的能力來做危機處理。

飛行資訊佈告欄
For Your Information

E6B

中文稱做「領航計算尺」，可以在製作飛行計畫的時候，幫助計算消耗油量、航行速度、航行時間以及其他參數。這把計算尺的正面用來計算地速，估計消耗油量以及更新估計到達時間。背面則進行有關航行速度各要素的計算。在一般情況下，它都在飛行訓練的時候被使用。不過很多專業飛行員依然攜帶並在必要時候使用。

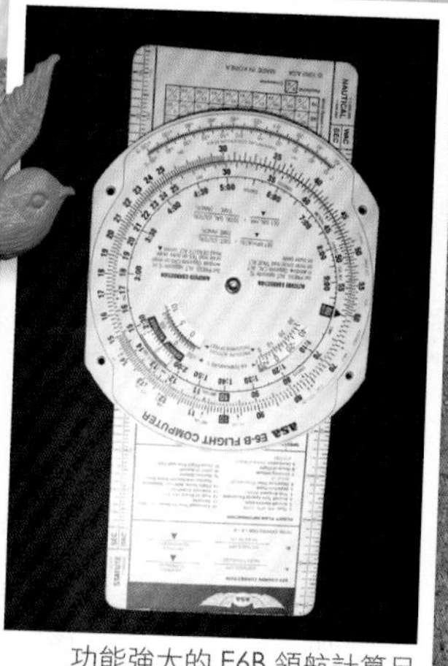

功能強大的 E6B 領航計算尺

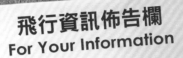

第 095 天
終於結束了與美國聯邦航空總署的攻防戰

雙飛課程 (Dual-Fly)
佛雷斯諾（Fresno）

這個「攻防戰」事件，要從三個月前，芒果上第二堂飛行課的那天開始說起。

那一天飛行學校的氣氛十分凝重，不但看不到平時同學們三三兩兩聊天的情景，連在教室內上地面課程的教官也都壓低著嗓音對學生們教學，整個公共空間呈現幾乎真空的狀態。平時上完課會繼續留在學校聊天哈拉打屁的同學們，連個人影都不見。屏住呼吸、張大耳朵才聽得到從教學樓層最裡面傳來斷斷續續的一問一答聲音，像是……警察審問犯人般……。

鴨子跟胖子躡手躡腳地湊近「審問現場」……

「天啊！怎麼是芒果?!」鴨子忍不住輕聲驚呼。

「噓……快住嘴！」胖子低聲提醒的同時，連忙用手摀住鴨子的嘴，深怕驚擾到教室裡凶神惡煞模樣的制服陌生人，想必這位不速之客就是導致氣氛詭譎的主角。

「咦，芒果今天不是應該跟教官上課嗎？那……教官呢？」鴨子把音量壓到最低地問。

「在隔壁教室裡……」胖子戳了戳鴨子，把他的頭轉向另一間教室，芒果的教官正一個人在另一間密閉教室中，看起來又焦躁又緊張。

「請詳細地描述當時飛行的狀況……」一位看起來像是政府官員的男子面無表情地要求芒果回答。男子年約三十五歲，中等身材，留著小平頭，下巴有著短短的鬍渣，不苟言笑的臭臉，像是誰有膽欠了他一大筆錢似的，制服左胸前的名牌大大地寫著三個字「Federal Aviation Administration 美國聯邦航空總署」。

「哦……今天是我的第二堂飛行課……」芒果相當緊張斟酌著安全字眼，小心翼翼地回答著，畢竟眼前這位長官來頭可不小，是特別來調查今天稍早前，芒果跟教官上飛行課程時所發生的突發狀況。

「今天是我第一次試著自己做機外檢查，因為第一堂課的時候教官有教過，這次讓我自己獨立做一次。」芒果每講完一句話就停頓一會兒，觀察對方的表情，試著看出對方有沒有什麼想法，但卻徒勞無功……不論芒果講什麼，美國聯邦航空總署長官一律都是一張撲克臉，低頭記錄著。

而整件事情的經過是那天是芒果跟教官的第二次飛行，教官讓芒果試做在第一堂課程時教過的機外檢查，芒果拿著清單，對照著表上的項目逐項做檢查，當做到「機頭燃油檢查」項目的時候，發現了異狀，正常情況是用濾油器戳進機鼻的卡榫後，卡榫應該會流出燃油供飛行員檢查燃油品質，但此時機頭燃油並沒有順利流出，芒果向教官反應後，由教官上陣檢查該項目，教官發現機鼻的卡榫比較老舊，需要比平常多施一些力氣去壓它，才會有燃油流出。

兩人檢查燃油品質確認沒問題之後，就準備開始今天的飛行課程。但事事都有意料之外的時候，教官沒想到（才上第二堂飛行課程的芒果當然也不會想到）除了機鼻的卡榫有點老舊外，連卡榫裡面的彈簧

飛行前檢查燃油品質及放掉油箱中多餘的水分是必要的標準程序

也不太靈光，教官檢查燃油壓完卡榫後，裡面的彈簧並沒有按照正常情況將卡榫彈回原來應有的封閉位置，未察覺有異的兩人卻已經開心起飛。

「跑道頭航機，現在許可起飛，風向三一〇度，風速八節，使用 29L 跑道」。塔台給完起飛許可，教官在飛機順利起飛後，讓芒果接手操控飛機往上爬升高度，當飛機高度到達八百呎左右後，芒果按照今天的飛行計畫，將飛機往練習區域方向飛去，此時此刻，所有狀況都在掌握之中。

「轟轟轟……」突如其來的一陣怪聲，當芒果還處在「咦？」的困惑階段，教官已經警覺地雙手抓住飛機操縱桿，說了聲「我來控制！」，等不及芒果回話，就把飛機往本場的方向飛回。

在教官邊做緊急程序、邊跟塔台告知需要立即回本場落地的時候，芒果才驚恐地發現剛剛轟轟的怪聲，居然是飛機引擎熄火的聲音！但當教官將緊急程序做到大約一半的時候，熄火的引擎又重新啟動了！可這是飛機引擎熄火啊！車子熄火可以靠邊停車，飛機熄火……芒果根本不敢想下去了……

教官當下決定不冒任何生命危險，跟塔台要求回到本場落地。塔台當然也聽出來教官從無線電傳來的聲音有些焦慮，當下並沒有多問什麼，很乾脆地給了教官起落航線的指示，要教官及芒果依序進場。

在飛回本場短短的航路上，教官神情緊張地不停檢查飛機到底是哪裡出了問題，芒果則不知是初生之犢不畏虎，還是第一次碰到這種問題，所以茫然地完全狀況外，畢竟今天才第二次上飛機學飛，想幫忙卻也不知道從何做起。

在飛機找不出熄火原因下，又飛行一段時間後，那陣讓人嚇破膽的「轟轟轟……」又出現了！飛機現在熄火第二次！再次突如其來的狀況讓教官及芒果緊張不已，教官再也不確定飛機到底能不能撐完整段起落航線，回到本場原來的跑道落地！此時教官下了一個決定……

「塔台，我們現在不確定飛機能不能飛到29L跑道那裡，我現在要用29L跑道的相反方向落地！」塔台聽出了不對勁，很乾脆地給了跑道使用權，並且迅速調度地面跟空中的航機，把空間讓出來給教官及芒果使用。

得到許可後，教官馬上把飛機對正29L跑道的相反方向，儘可能在最短的時間內把程序做完，並且安全地落了地！人機全都平安無恙地回到了學校，真是大幸，本以為可以去好好慶祝平安無事的兩人，卻沒想到這個事件並沒有隨著飛機安全回航，引擎關掉後結束，真正的麻煩才正要開始。

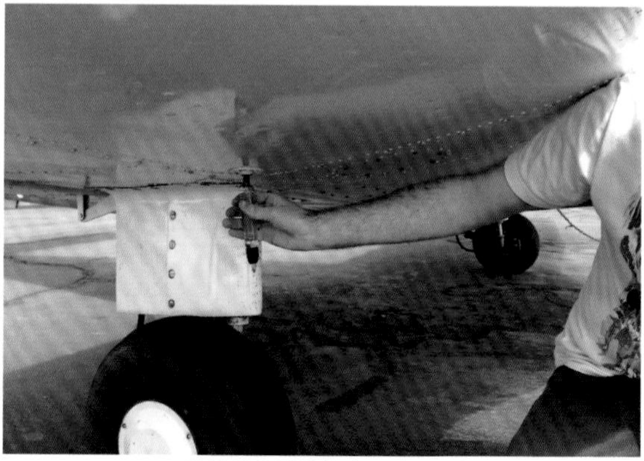

飛行前的機外檢查，攸關飛機起飛之後的安全

美國聯邦航空總署官員知道學校機場有一起不尋常的起降後，派人來學校調查，想要徹底詳細知道事件的來龍去脈，並提出非常多問題，像是「為什麼飛機會突然熄火又正常？這樣的狀況還反反覆覆發生了兩次？」真的是「不可抗力的突發事件？」還是「飛機維修有瑕疵？」或是「根本是人為操控疏失？」

美國聯邦航空總署長官一到學校，不但把芒果和教官隔離在兩間不同的教室，分開問話，希望他們儘可能將當時的記憶還原，還讓他們做了筆錄，一副面對罪犯的模樣。

在芒果和教官的配合之下，最終調查報告出爐，發現是因為彈簧沒有把鼻頭的卡榫彈回正常位置，還留有一點空隙，導致燃油在流過鼻頭要到引擎之前有一部分的燃油流了出來，如同輸油管破了一個小洞，使得飛機在引擎發動之後，燃油供給引擎不完全，以致於發生熄火狀況。

這次「引擎空中熄火事件」終於在三個月後的今天正式宣告結束。從一開始美國聯邦航空總署的官員懷疑是教官在做機外檢查時，故意讓鼻頭的卡榫卡在不正常的位置，所以要吊銷教官的飛行執照，到教官跟FAA官員打官司，最後法官採信了教官的說法，兩邊和解。

因為一個小小的彈簧，浪費了大量的時間跟金錢，還好教官最終能保住他的執照並繼續在航空業工作。這次美國聯邦航空總署攻防戰難得的經驗，讓當時才開始上第二堂飛行課的芒果，深刻體認到飛行前，機外檢查細節的重要性，盡管是再小的零件對於飛行安全都是至關重要的！

飛行資訊佈告欄
For Your Information

機外360度檢查

飛行員在飛行前必須檢查飛機文件及機體，確認飛機是否適航。

文件有「適航證明書、經歷記錄簿、適航文件、載重平衡表」；飛行員再依照飛機的「飛行員手冊」上的機外檢查清單，逐一檢查飛機的機體跟儀器。

El Nido
Fairmead
Berenda
CHAPMAN (Pvt)
Dairyland
MADERA (MAE)
TRIANGLE T
Firebaugh
power station
N131SL
asa
MADE IN KOREA
COURSE
ARROW

第3篇

今天
想飛哪？

一個人駕駛著小飛機開始了越野飛行，累積飛行經驗及時數，這個階段是菜鳥飛行員成長最快的時間，也是自信心培養的重要過程！

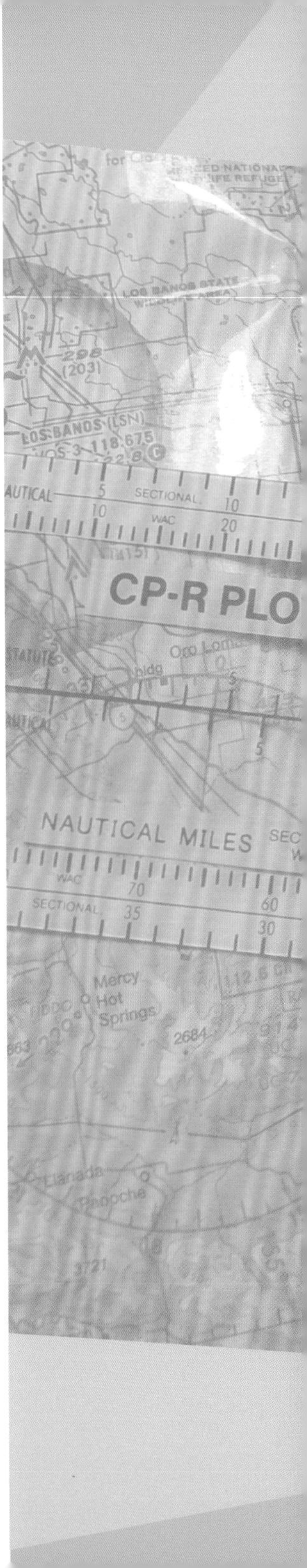

第 110 天
夜間越野單飛課程
(Night Solo Cross-Country)

佛雷斯諾（Fresno）→
沙加緬度（Sacramento）

「你究竟是要放假放到什麼時候啊?!也過著太開心了吧！」芒果酸言酸語地跟電話那頭的鴨子說著。

「啊！我的教官去放假啦！被迫沒課程可以上，也不是我願意的啊……怎樣？羨慕喔?!」鴨子用得意的語氣回答著，一點也聽不出無法按照課程表上課的苦惱。

「沒啦！每天看你臉書上PO一些吃吃喝喝的照片，想說問一下你現在人在哪？」芒果忌妒地回說。

「這幾天在沙加緬度……有朋友從臺灣來，反正也沒課，就過來玩一下囉！」鴨子不斷地用他正配合著教官時間渡假中的事實來刺激芒果。

「沙加緬度？我還沒去過……有什麼好玩好吃或特別的嗎?!」芒果問著。

「吃的玩的倒是還好……我想一下……啊！我朋友他們說要去嘗試水煙(Hookah)！我倒是沒抽過！」鴨子的語氣突然帶著期待與興奮。

「哇！教官也跟我推薦過水煙（Hookah）！我到現在都還沒機會嘗試說……」芒果又開始羨慕了。

「心動嗎？吊到你胃口了吧……飛過來一起去見識看看啊！」鴨子慫恿著。

「唉！有點遠……不過，說不定可行喔……你那裡離哪個機場最近？」芒果盤算著。

兩個人討論了一下之後，發現鴨子要去的水煙館附近就有一座沙加緬度馬瑟機場（Sacramento Mather Airport）。

芒果心想：「太好了！可以用飛的過去！鴨子剛說他們要晚餐吃飽之後，過去抽水煙，晚上的時間點剛好可以搭配我的夜間越野單飛課程，飛到馬瑟機場，再搭鴨子的順風車加入他們的水煙夜……」

滿心期待的芒果決定好今天晚上的行程，跟鴨子約好接機時間，十分有效率地做完飛行計畫。現在萬事俱備，只欠飛機！接下來芒果要做的就是如何說服那個懶惰的教官願意到學校一趟，只要教官審視完今晚的夜間越野單飛飛行計畫，並簽放一架飛機，就可以衝啦！

「喂？教官？我是芒果啦！」芒果試著打電話開始說服教官。

「嗯？怎麼了？」電話那頭的宅男教官正在電動上廝殺。

「上次你不是說想喝喝看臺灣的珍珠奶茶，可是覺得賣的貴嗎？我突然想喝，要不要一起去，我請你喝？」芒果回說。

「當然好啊！現在出發嗎？」可以聽得出來教官已經結束電動，穿褲子拿鑰匙。

「沒錯！就是現在去，不過既然你都要出門了，不知道方不方便順便一起去學校一趟，幫我簽放一架飛機？我想今晚去飛夜間越野單飛……」

「……」

夜間飛行可以看到美麗的夜景，心情大好

「教官？」

「你要去哪裡？想幹嘛？」教官馬上起了疑心。

「沒有啦……今天天氣很好，我覺得可以衝刺一下我的進度嘛，我還有夜間越野單飛的課程沒有做，想說可以趁今晚把它飛完……」

「……」電話那頭教官沒有回答。

「……鴨子現在在沙加緬度找他朋友玩……他約我今晚飛過去跟他碰面一起抽水煙……」眼看事情是瞞不住了，芒果只好吐出實話。

「嗯……我的珍奶要再配一份鹹酥雞。」教官終於鬆口。

「吼！好啦！」為了拿到飛機，飛去體驗水煙，芒果也只好被敲竹槓了。

教室裡，滿手珍奶和鹹酥雞的教官看著芒果的飛行計畫說：「大致上是沒什麼問題啦！不過提醒一下今天是夜航喔！自己注意安全，不要違規，好好去玩吧！」教官乾脆地簽了名把飛機放飛了。最後一步到位，一切準備就緒，隨時可以出發，芒果整個人期待著今晚的「水煙夜」了！

夜間越野飛行可以考驗飛行員判讀地標及儀表的能力

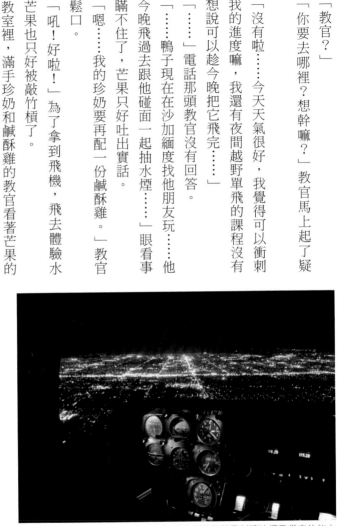

夜間飛行最怕降落錯機場

從佛雷斯諾到沙加緬度的航線，基本上就是一路向北，沿著99號公路飛就不會迷路，唯一的挑戰是沙加緬度這個城市有四個機場！到了城市上空之後找到對的機場即將會是芒果必須面臨的一個挑戰……從學校開校以來，常有耳聞落錯機場的飛行學員。

落錯機場被學校知道後，除了當次的課程要再重做一次之外，更慘的是會變成同學之間的笑柄，同學見面一次揶揄一次，一直到畢業後回臺灣，還可以繼續在不同場合當笑話講。今天芒果更有一個絕對不能落錯機場的理由，那就是鴨子就在機場等著他降落接機，要是落錯了，鴨子的嘴可是不留情面的。

「唉呦，你沒迷路啊？真可惜，我跟胖子不能一起笑你了。」鴨子在芒果剛停好飛機就跑過來哈拉講屁話。

「開玩笑！這機場那麼明顯，瞎子都找的到！」芒果不甘示弱地回嗆，兩個人就這樣一路鬥嘴鬥到了水煙館。

芒果跟鴨子邊聊邊進入Blow Hookah Lounge & Smoke Shop 水煙館，只見眼前一片煙霧瀰漫，店內燈光昏暗，裡頭的擺設幾乎都是沙發加矮桌，整間店的裝潢加上音樂，給人有種慵懶又帶有異國風情的感覺。在水煙館待上一段時間，也不知道是店內的氣氛，還是水煙中的尼古丁作祟，整個人都會不自覺地放鬆起來。

一般來消費的客人們通常都是來聊天放鬆的，點個水煙加一杯飲料，無酒精的或是有酒精的，跟朋友們聊一整個夜晚。

店裡的水煙口味與一般來自香精的店不同，該店最特別的是水果水煙，可都是新鮮水果製成的，抽起來自然芳香，難怪店裡空氣香甜舒服而不嗆鼻。芒果一行四人很快選定兩款水果水煙，迫不及待邊抽邊聊了起來。店內會提供個人的濾嘴，所以混著口味抽也不用顧慮衛生問題。平常沒在抽菸的芒果，不意外地抽了第一口就嗆到，但後面漸漸駕輕就熟，最後還能跟著鴨子一起吐煙圈呢！

每天晚上固定時段，店裡還會有特別的肚皮舞表演，店家會發一些小道具給客人，讓客人們跟著音樂一起打拍子，舞者則會隨機拉人上去一起跳舞，在表演的十五分鐘當中，店裡的氣氛也達到了最高潮。

「你怎麼啦？」鴨子看著用手托著下巴，頭歪著一邊的芒果說。

「可能是剛剛練習吐煙圈，每一口都吸很大口，現在頭昏昏的！」芒果想了一下，又說：「我這樣還可以飛嗎？」

「欸！這是個好問題喔！我們來討論一下，你有 IMSAFE 嗎？」鴨子這時說出上課時教過的「飛行員身心適航評估」的口訣。

「我想一下喔！我沒生病，也沒吃藥，現在壓力也不大，目前身體狀況也不是因為疲勞才這樣，沒喝酒，情緒也是愉快的……以上都符合適航標準！真要說就是有缺氧的徵狀，不過只要水煙停一陣子，呼吸一下空氣，這徵狀就可以解決了，我想我的身體基本上是適航的！」芒果回答。

「那就OK啦！」兩個人就算人在沙加緬度，話題還是離不開飛行。在結束了「水煙夜」之後，鴨子繼續他的糜爛假期，芒果則是跳上飛機，哼著歌帶著飄飄然的心情，隨著99公路往南，往本場佛雷斯諾飛去。

飛行資訊佈告欄
For Your Information

IMSAFE 檢查

IMSAFE 是用來給飛行員評估自我身心適飛與否的一個檢查清單：

- Illness（疾病）：飛行員有沒有身體不舒服？如果有的話，最好是不要飛行。
- Medication（藥物）：飛行員有無服用藥物（如安眠藥）？有的話必須要先了解藥物對飛行會不會有影響。
- Stress（壓力）：飛行任務或是生活上的人事物有讓飛行員感到壓力嗎？不正常的壓力對於飛行也是有負面影響的。
- Alcohol（酒精）：飛行前有喝酒嗎？還在宿醉嗎？這樣都是不能飛行的！
- Fatigue（疲勞）：疲勞駕駛對於飛行也是相當危險的。無論是晚上沒睡好，或是連續的飛行任務導致飛行員疲勞，都不應該繼續執行飛行任務。
- Eating（飲食）：肚子餓或低血糖，都會使身體反應變差變慢，飛行員在這種狀態下駕駛飛機也是非常危險的。

第 120 天
灣區遊覽

佛雷斯諾（Fresno）→
舊金山灣區（Bay Area）

「包機服務！免費提供轎車接送跟酒水服務，飛機租金一小時一千兩百美金。要收一千兩百美金哪叫免費提供啊！瞎耶……二手飛機轉賣！〇五年的灣流十二人座位開價三千萬美金，價錢可議，我這輩子口袋可能連個三千萬台幣都沒有吧！看樣子只能買灣流的廁所了……飛行學校招生！私人飛行員執照課程全部只要七千美金！靠！比我們還便宜耶！他是要用多爛的飛機飛才會跟你收這樣的錢啊……」

這天芒果、鴨子跟胖子在學校交誼廳櫃檯前面的沙發區坐著打屁聊天，芒果邊聊、邊隨手翻著擺滿沙發區桌上的各式飛行相關雜誌。雜誌的內容什麼都有，有直升機的、包機服務的、航空相關的周邊商品，以及灑農藥服務……等等，都可以在雜誌裡面翻到，拿來打發時間其實相當好用。芒果一邊翻著雜誌，一邊在跟另外兩個人實況報導他看到了什麼，也不管其他人嫌他吵……只見胖子跟鴨子有一搭沒一搭的回應著芒果，但芒果還是沉浸在飛行雜誌的世界裡。

「哇！欸？鴨子你不是很愛舊金山嗎？這個版面全部都是關於舊金山灣區的飛行遊覽服務耶！雜誌上寫說這個服務叫做『San Francisco bay tour』，基本上就是你租一架飛機和一個訓練教官，他會帶你在灣區上面的天空盤旋加導覽……什麼金門大橋、惡魔島、柏克萊大學、舊金山要塞……等等，都可以直接從空中觀賞一覽無遺！感覺還蠻有趣的！話說回來，為什麼別的城市可以搞這種噱頭，我們這裡卻什麼都沒有啊？」芒果越看越有興趣，卻也發現雜誌上面找不到佛雷斯諾有刊登這種類型的廣告。

胖子聽到忍不住翻了白眼：「廢話！在這裡起飛之後，你是要看什麼？方圓五十公里內全部都是農田，你覺得會有人花錢請你飛上去跟他介紹這裡是南瓜田、那裡是蘋果園、前方那塊正在鏟土的原本是種玉米，之後要改種杏仁嗎？講話之前先用大腦思考一下可以嗎？」

鴨子接著說：「那個我早就知道啦！我打算之後有機會的話去體驗看看……都在這邊飛那麼久了，現在才知道有這個東西，你是活在石器時代喔！」

芒果不理會兩人的酸言酸語，興致高昂地把雜誌內容拿給教官看。

「這個啊！我知道……幾乎每一間在舊金山的飛行學校或包機公司都有提供這個服務，如果你是一般人，我就會跟你說『有機會的話，可以去試試看，因為風景真的很漂亮！』」教官邊喝著他的咖啡、邊說著。

「蛤？一般人？什麼意思啊？」芒果一頭霧水。

「你傻啦！幹嘛把錢給別人賺，你自己不就會飛了嗎？拿一架飛機飛過去不會啊！」教官講的一副理所當然的樣子。

芒果瞬間恍然大悟：「對吼！為什麼我沒想到嘞！那……教官你下午有空嗎？有興趣來個舊金山灣區遊覽嗎……？」

教官聽到後大笑：「哈哈哈！你也太會拗，好啦！在進入灣區時候的航管術語是有一點不同，我可以帶你進去一次，之後你就可以愛去幾次就去幾次了！你等等先去把飛機準備好，我講解如何從我們這邊進入灣區，講解結束後就出發！」

下午兩點鐘，飛機已在前往舊金山的空中，教官邊飛、邊跟芒果說：「我們在舊金山東南邊，舊金山有一個舊金山國際機場。它屬於B級的空域，如果要穿越舊金山國際機場的空域到灣區的話會有被拒絕的風險，所以我們這個方向去灣區最典型的方式就是先往舊金山西南方的半月灣機場飛去，在那邊落地後，可以逛逛半月灣機場南邊的港口，然後從半月灣起飛往北，沿著海岸線飛行，再從金門大橋的上空飛入灣區做灣區遊覽。這樣就不用進到已經夠繁忙的舊金山國際機場空域，航管也會感謝我們沒有去鬧場。」

芒果聽到半月灣後，眼睛一亮，說：「半月灣耶！我有聽說那邊有一家很有名的海鮮餐廳叫做『Barbara's Fishtrap』，機場到餐廳大概走十分鐘就會到，要去試試看嗎？」

教官聽到也笑著回說：「看樣子我們都在想同一件事情喔！」

Barbara's Fishtrap 是半月灣小有名氣的餐廳，餐廳位置就剛好在海岸邊，窗戶外就是海岸風光，芒果跟教官邊欣賞著海岸風景、邊吃著海鮮大餐，兩人居然還單挑吃生蠔，結果教官的生蠔初體驗在第二顆吞下肚之後就投降了，雖然教官還是付一半的錢，但芒果賺到啦！剩下的肥美生蠔都歸他。吃飽飯後，芒果繼續他的灣區遊覽飛行，從半月灣機場起飛，沿著海岸線一路往北，飛機從金門大橋上空飛過，正式進入了灣區做灣區遊覽。

「哇哇哇！這風景真的不是蓋的！那座小島不就是惡魔島嗎？之前我是坐在船上觀光的，

從空中俯瞰著名的金門大橋

沒想到現在居然可以飛在上空鳥瞰整座島嶼。港口那邊停的是軍艦耶！在空中看還是超級大艘！」芒果從進入灣區後，整個啟動「外國觀光客」模式，連飛機都丟給教官在飛，自己忙著左看右看到處拍照，不時發出驚嘆聲，教官也當起了臨時導遊，邊飛邊解說。看著舊金山市中心、海灣大橋、金門公園還有柏克萊大學，芒果的飛機在舊金山的上空盤旋了一個多小時。

慢慢的天色漸漸變得昏暗，金門大橋的交通漸漸繁忙，下班的人潮開始在街上湧現。路燈跟住家的燈光照亮了整個舊金山市，芒果才依依不捨地離開灣區的天空，結束了今天衝動又新鮮的灣區導覽飛行！

舊金山灣區風光盡收眼底

飛行資訊佈告欄
For Your Information

空域分類簡介

空域分類為國際民航組織為了提供飛行員跟航管有一致的標準可以遵循，將空域分成 A 到 G 類，每個空域在 1. 飛航種類、2. 隔離服務、3. 服務種類、4. 目視天氣標準能見度及距雲距離、5. 空速限制、6. 無線電通信需求、7. 需要航管許可，都有不同的規定。

第 135 天
你敢不敢?!

佛雷斯諾（Fresno）→
目的地未知?!

「所以，你們三個人在上面待了多久？」胖子在跟鴨子和芒果吃晚餐的時候驚訝地問。

「八個小時……」鴨子筋疲力盡地說著。

「這飛機可以飛八個小時喔？」胖子更驚訝了。

「中間有下來加油跟放這傢伙上廁所啦！」芒果左手用筷子夾著炒蛋，右手指著鴨子回答。

「早知道你們今天會這樣搞，我打死也不會跟！」鴨子不停地抱怨著。

「又不是你飛，你在抱怨啥？」芒果一臉不屑地說。

「就是因為不是我飛，所以我更累啊！讓我坐在飛機裡面八小時卻碰不到桿子，這種感覺很痛苦的好不好！」一臉快虛脫的鴨子回答。

「還敢講，今天在飛機上就你話最多！」芒果說。

胖子問的問題就像是一個開關一樣，打開了以後，芒果跟鴨子兩個人就吵個不停……

「好好好……你們小倆口先不要吵，暫停一下，先告訴我今天發生了什麼事，這樣好讓我決定要怎麼笑你們兩個，好不好？」胖子一臉迫不及待地想要聽八卦。

大家一定和胖子一樣很好奇，芒果和鴨子到底發生了什麼事？怎麼搞到飛的人也累，沒飛的也快掛了，還在天空掙扎了八個小時？而這一切都要從芒果的越野飛行課程說起……

這天越野飛行（Cross Country）課程接近尾聲的芒果，為了補一補雙座帶飛（Duel Fly）的時數，跟教官約了時間飛行，但卻決定不了去的地方。

這時教官說：「不如，今天我就來當個包機奧客，起飛之後，目的地隨我決定，我有可能一下要去甲地，飛到一半跟你說我不去了，請改去乙地，又或者中途我想順路去某某地方看個風景……飛行的過程，我如果有任何問題，像是多久才會到？這樣油夠不夠啊？要加油要去哪邊加啊？離目的地還有多遠？那邊有個監獄耶，我們從上面飛過去好不好……等等，你都要照單全收，反正就是個奧客！總之，你都必須達到我的要求跟回答我的問題，同時也要把飛機飛好，如何？」

教官的話一說完，「奧客大挑戰」就開始了。這天是個加州典型天氣，晴空萬里，微風徐徐，舒適宜人，所以去哪裡都不是問題。芒果跟教官今天的「奧客飛行計畫」從本場出發，往西先到弗雷澤草地機場（Frazier Lake Airpark），再沿著加州西邊海岸線一路往北飛，經過了納帕谷（Napa Valley）繼續往東，到位在內華達山脈附近的奧本市政機場（Auburn Municipal Airport），這個機場裡面有個專賣航空用品的商店，舉凡耳機、導航器、周邊商品或是飛機零件都有賣，之後往南飛越過本場機場，一路往東南邊的莫哈韋機場（Mojave Airport）飛去！

這一路上可是包含了草原、海岸、高山跟沙漠的地形，繞過了半個加州，各種挑戰應有盡有！這趟「奧客飛行計畫」根本就可以算是一次考試了！但就在芒果跟教官做完了天氣簡報，一切準備就緒之後，卻發生了一個小插曲，就是原本預定要拿來使用的飛機「壞掉了！」不行！都花了這麼多時間做了先前準備和飛行計畫，就這樣放棄，也太可惜了……

芒果邊想著、邊往機棚望去，發現了一架四人座的單引擎飛機沒有人使用，便改用這架飛機來執行今天的飛行計畫。這時候鴨子剛好在學校閒晃，由於鴨子的教官這段時間休假，所以這幾天他沒事就到學校來跟同學們哈拉、念書跟偷吃同學們的便當……當他聽到芒果的飛機有空位可以坐上去看風景，二話不說，馬上拿著裝備就跟在後面一起上飛機了！

起飛、爬高、保持航向，到達安全高度之後，芒果的飛機就往預定的航向飛去，大概飛不到五分鐘，第一個狀況就來了……

「嗯……哎！芒果，在我右手邊那個大大灰灰一整片的是什麼啊？」教官問。

「那個是水壩啊！」芒果心想，你明知故問，當初不就是你教我怎麼辨別這些地面建築的嗎？

接著教官的要求就一個接著一個來，像是他想飛過去看看水壩啊，想再飛低一點看啊，繞著水壩轉啊……等等，而鴨子則在後座一臉完全不知道發生什麼事的樣子。結束之後，教官突然又提出北方好像有一座監獄，他也想去看一下，但是他好奇大概要多久才會到？這種時候，有兩種工具是缺一不可的，一是領航計算尺（E6B），另一個是目視航圖（VFR Chart）。

首先，必須要找出目前飛機跟要去的目的地在地圖上的相關位置，進而找出往目的地飛的航向跟距離，才能進一步用飛機在預定高度所飛行的速度來演算出航程需要的時間和耗油量，在這個過程中間別忘了你還需要飛好飛機！也就是一隻手在開飛機，另外一隻手在算數學，腦筋還要保持清晰，知道現在眼前發生的一切情況。計算好一切需要的資訊之後，在往監獄飛行的半路上，教官又嫌路途有點遠，算了再回原本要去的草地機場好了，把一趟飛行搞得像考試一樣，一個狀況剛結束，下一個狀況又來了！這時候，坐在後座的鴨子終於發現事情好像有點不太對勁……

「哎！那個……你們兩個今天到底是怎麼回事？我們到底要去哪裡啊？我該不會上了賊船吧……」鴨子一頭霧水地問。

芒果就把今天整趟飛行計畫說給鴨子聽……「哈哈哈，好玩耶！那我也來一起當個奧客好了！」鴨子聽完一整個很想要參與。

「你這沒付錢的人在後面給我坐好閉嘴！」芒果回說。

「你怎麼不說你旁邊那個一直給你出考題的人，你還花錢請他上來弄你耶！」鴨子指著坐在芒果旁邊的教官。

就這樣你一言我一語的，兩個一路吵，教官也沒閒著一直出題目，中間還趁芒果不注意，拉掉了引擎的油門，說是熄火了，看芒果要怎麼辦？鴨子在他的教官放假期間念了不少書，這時候也開始賣弄起知識來……又是問法規、又是問飛行限制，當飛機過山時，他就問說，過山高度要多少啊？在海邊飛行時，就問可以離海岸多遠啊？附近有雲就問飛機可以離雲多近啊……等等的問題，反正飛機從起飛之後，這一路上，機艙裏面就沒有安靜過。

飛機在飛往莫哈韋機場的路上，三人已在之前落地加油的時候，順便用過午餐，芒果和教官點了漢堡，鴨子則是吃他喜愛的墨西哥捲餅。

大概飛了三十分鐘左右，又有突發狀況發生了……

「哎！芒果……我們還要多久才會到？」鴨子問。

「一個小時啊，幹嘛？」芒果似乎還沒發現不對勁。

「我午餐吃太辣了……快不行了……我的肚子。」鴨子有氣無力地講。

「喂！你不是吧？還真給我出狀況啊？不然，航圖你先拿去，看你能夠撐到哪裡再跟我講，我們在那附近找機場下去給你上廁所。」這下芒果也緊張了起來。

最後鴨子選了一個有著又大又舒服的廁所的機場下去解除「緊急狀況」，真不知道他是無意還是有心的，都緊要關頭了，還要講究廁所的設施。

「開玩笑，怎可以隨便找個地方就解決。」鴨子說。

「聽完這些狀況……你應該知道我們今天為什麼可以搞到那麼晚了吧！光是為了他的廁所，害我們又比計畫多花了快一個小時。」芒果對著胖子抱怨著。

胖子聽到這裡已經笑到不行了，邊笑著這兩個人的愚蠢，邊想著下次輪到我做越野飛行的時候，不管怎樣絕對不能帶鴨子上飛機，免得讓緊急轉降的情形發生在自己的身上！

飛行資訊佈告欄
For Your Information

目視航圖

目視航圖是飛行員在目視飛行規則下用來輔助導航的地圖，就跟車子使用的地圖原理相似。航圖能夠提供飛行員相當多的飛行資訊，像是飛機所在位置、機場方位、安全飛行高度、沿途導航設備、附近無線電頻率、空域跟障礙物等。

第 145 天
取得翅膀的那一天

美國聯邦航空管理署•
私人飛行執照考試
佛雷斯諾（Fresno）→
賽爾瑪（Selma）

經過兩個月的霧鎖佛雷斯諾，學習飛行已經將近五個月的鴨子也即將面對私人飛行執照考試鑑定。

根據美國聯邦航空管理署的規定，鴨子的學制一四一相關規定科目與時數：

一、至少三十五小時的飛行訓練：完成！

二、三小時夜間越野飛行，總距離一百浬以上，包含十次起降：完成！

三、三小時基本儀器飛行訓練：完成！

四、五小時獨自飛行，包括在有塔台管制機場中起降三次……？

「等等！我獨自在管制機場好像只有起降兩次耶！」鴨子跟教官一起檢查自己的飛行時間記錄簿，熊熊發現之前的本場獨自飛行有兩次是在無塔台的機場完成，一次從本場到練習空域再回來，一次獨自越野飛行回本場……還真的只有兩次！

「ㄜ……那這樣不符合送考規定耶……」教官如此說著，鴨子也傻眼了。

「沒關係！看看現在有沒有飛機，你馬上飛上去，繞一圈再落地就湊滿三次啦！」教官馬上想出解套辦法，並且協調出一架飛機讓鴨子來做這個起降。

「這麼戲劇化的事情，怎麼都發生在我身上……」鴨子拿著飛行包，走向飛機時，心中不免嘀咕了一下。所幸當時空中飛機並不多，鴨子只用了0.4飛行時數就完成了這個起降，在九千呎跑道、C類空域的國際機場真是不常見的情況。

完成這個起降，教官把鴨子所有資料輸入電腦，拿到授權，就正式將鴨子放到等待考試的名單之中了！加上鴨子的「好人緣」（買漢堡跟咖啡去找考官「聊一聊」）考官很快就把時間空出來，預定在後天安排鴨子考試！

考試的科目大致有十二大項：

一、飛行前的準備：天氣、飛行計畫、法規、飛機適航……等。
二、飛行前程序：飛機檢查、載重平衡……等。
三、機場操作規定：C類塔台管制機場的相關程序……等。
四、起飛，著陸和重飛：飛行技術。
五、性能飛行演練：大坡度轉彎、短場起降……等。
六、地標飛行演練：S型轉彎、定點盤旋……等。
七、導航：地標導航、推算導航及無線電導航操作……等。
八、慢速飛行：模擬低速操作及失速……等。
九、基本儀器演習：基本儀器判讀及不正常姿態改正……等。
十、應急操作：發動機失效迫降及其他緊急程序（狀況題）……等。
十一、夜間作業：夜間飛行相關規定……等。
十二、飛行後程序。

鴨子這兩天已經把考試相關規定及判定標準給讀到滾瓜爛熟，並且重複、重複再重複地複習程序；除此之外，胖子及芒果還充當模擬考官，出了很多奇奇怪怪的情況給鴨子做練習。

芒果指著地圖上某一點，問鴨子：「如果飛到這裡，你的高度八千呎，忽然右邊機翼整個斷掉，你怎麼辦？」

距離有個八百呎就夠了，自然是很成功地完成這個迫降。

小鬍子低頭做完了記錄，就叫鴨子回佛雷斯諾，靠近佛雷斯諾時，跑道已換成不同方向，小鬍子在飛機加入第三邊後對鴨子說：「保持這個高度轉第四邊，我沒說下降就不准下降！」

「哈！這麼說來，一定是要考我最後一個科目：側滑（Forward slip）下降落地！」鴨子心中竊喜，因為考完這個科目，所有的項目就都考完了！但是，都已經要轉第五邊……小鬍子還是沒叫鴨子下降……

說時遲那時快，剛一加入第五邊，小鬍子忽然又把鴨子的引擎給關了，果然不愧是學校裡怪招最多的考官啊！日日新鮮，絕無重複的怪招，往往都把學生殺個措手不及！

「離跑道頭五百呎內要觸地唷！」小鬍子淡淡地加了這句。鴨子聽完整個人就緊張起來了！高度已經高了很多，又要放外型又要落地，怎麼搞啊！「ㄟ……等等！你是考私人執照吼？那放寬到一千呎內觸地就好！」小鬍子像是想起了什麼，趕快再補上這一句。

最後，鴨子還是在離跑道頭一千呎內觸地了。小鬍子說停好飛機，上樓去找他，他要講評。

小鬍子攤開他的小筆記說：「鴨子，你的緊急迫降還有一些進步的空間，你知道問題出在哪裡嗎？」

鴨子回說：「我外型放太早了，所以浪費了很多跑道長度。」

小鬍子說：「非常好！請你好好記住，在你有百分之百的把握前，引擎失效是可以不放襟翼落地的！另外，你的引擎可能會在飛行的任何階段、任何高度突然熄火，所以任何時候都要準備好無動力落地的準備！」

鴨子回說：「是！這些寶貴的經驗，我會銘記在心的！」

小鬍子說：「好吧！等一下走出這個門，你可以去跟樓下那位腰瘦奶波的櫃檯辣妹說我是一個飛行員了！」

鴨子驚訝地問：「蛤？什麼意思？」

小鬍子回說：「恭喜你！你通過你的執照考試了！」

鴨子聽到這句，開心地合不攏嘴，除了再三謝謝小鬍子的指導之外，由於今天是延續上一次「未完成」（incomplete）的考試，所以鴨子不經大腦地說了一句：「You completed me！」（鴨子想表達的是你幫我考完了！）

誰知道小鬍子聽到這句，眼睛瞪得超大，對著門口大吼了一句：「你們兩個把你們的娘砲朋友帶走！我今天不想再見到他了！」

鴨子往門口一看，只見胖子笑到要扶著牆壁，久久不能自已……

芒果則搖頭嘆氣地說：「走吧！先回去吧……今晚你請吃飯當慶祝，然後吃飯的時候，我再告訴你，『You completed me』這句話其實不太適合對每一個人說的原因……」

飛行資訊佈告欄
For Your Information

起落航線名詞介紹：

- 一邊：起飛後沿著跑道方向爬升稱為一邊或是離場邊（Depatrure）
- 二邊：向左或右轉 90 度之後稱為二邊或側風邊（Crosswind）
- 三邊：轉 90 度與起飛方向相反並平行於跑道後稱為三邊或下風邊（Downwind）
- 四邊：向跑道方向再轉 90 度稱為四邊（Base）
- 五邊：轉向對準跑道後進入五邊也就是進場邊（Final）

El Nido
Fairmead
prisons
CHAPMAN (Pvt)
Dairyland
MADERA (MAE)
TRIANGLE T
power station
COURSE
ARROW

第4篇

緊急情況

Mayday Mayday Mayday

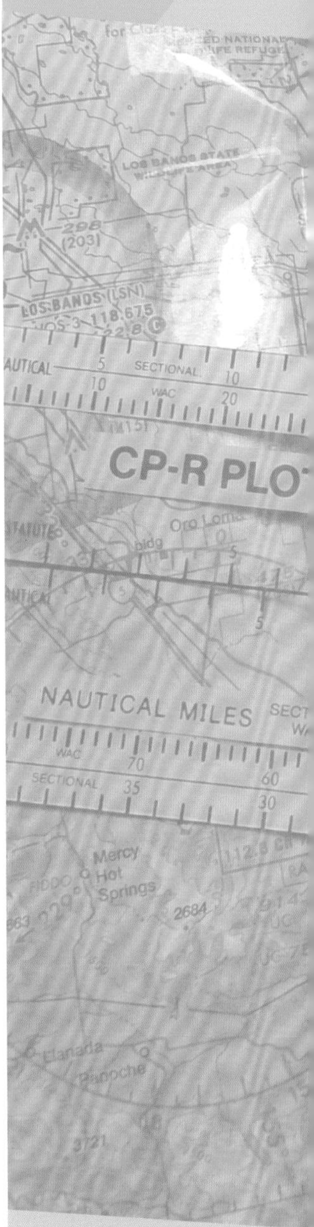

飛行員需要懂得事情太多，不過即使上知天文，下知地理，再厲害的飛行員也總是保持謙遜，因為不知道老天爺何時會試煉你！

第 150 天
發動機熄火

佛雷斯諾（Fresno）→
優洛郡（Yolo County）

這陣子胖子的飛行進度眼看要進入儀器飛行，芒果在越野單飛中，鴨子則是剛進入越野單飛課程，三人約好在週末各自規劃適合自己課程的飛行計畫去不同的機場，但回程統一在下午六點回到本場落地，再一起去吃晚餐。

「既然都要去吃飯，那來賭一下啊！我們是約下午六點整回本場落地，如果誰回來的時間最不準時（提早或延誤都算），今天晚餐就他買單！如何？」生性愛賭的胖子提議。

「怕你啊！賭啊！我還怕你錢帶不夠嘞！」芒果不以為然地回嗆。

「唉呦！平常規劃飛行計畫，什麼都取個大概的傢伙，現在要跟人家比時間精準度喔？你都不怕拿石頭砸自己的腳了，我當然很樂意奉陪啦！」鴨子也沒在怕地回說。

芒果和鴨子立馬收下胖子的戰帖，嘴上還不忘損一句！戰帖一訂，三人立刻像著了魔似地瘋狂規劃起飛行計畫，三人心中各有盤算，策略也不盡相同，競爭激烈的程度看來賭的不只是金錢，更重要的似乎是「男人的面子！」

芒果第一個從本場出發飛往優洛郡的 Yolo County Airport，這個機場在沙加緬度以西大約二十哩外，機場本身沒有什麼特別的地方，但機場裡的 FBO—Davis Flight Support 卻十分讓人驚艷！只要把飛機停在這裡加油，FBO 裡面的點心、飲料全部任君吃喝！交誼廳的撞球檯、電視跟按摩椅，也是任君使用！停了飛機想要到附近晃晃的話，猜怎麼樣？甚至可以跟 FBO 的工作人員「免費」借用 Crew Car！一切全部免費！如果開商用小包機來加油、維修或過夜，還有像商務飯店般的套房提供過夜與洗澡！

簡而言之，Yolo County Airport 的 FBO 對於在美國學飛的芒果而言，根本就是一個小天堂！

芒果心想反正飛機沒油不行，油是一定要加的，既然都花錢加油了，何不來此加油，順便享受全然免費的一切呢?!

「我早早的出發，到了目的地就在機場待著，反正有吃的有喝的還有玩的，只要把回程的鬧鐘調好，在那按摩放鬆睡一覺都行！不出機場，就不會塞車或迷路，飛機的油也先加好，這樣一來，所有意外狀況發生的可能性全部降到最低，我看這次想輸都難囉！晚上就等著吃免費晚餐啦！」芒果心裡得意地盤算著……只是他沒想到的是「飛行這件事」大多時候還真是……人算不如天算。

回程路上，芒果邊照著計畫飛、邊想著：「到目前為止每個檢查點的飛行預計時間，跟我實際飛到的時間都相差在一、兩分鐘以內，照著這個節奏飛下去，最後回到本場落地的時間也不過就跟六點整差個一、兩分鐘！想想這還是我第一次飛行計畫做的這麼準確呢！沒想到一頓晚餐的吸引力這麼強大！空中無線電裡都還沒有那兩個傢伙的聲音，要嘛就是飛太快，要嘛就還在我後面，不管如何，他們都不會比我準時囉！」芒果越想越興奮，心裡十分得意，甚至還拿出在 Davis Flight Support 的可樂，先獨自打開喝了起來，提前慶祝即將到手的勝利！

芒果直到換到進場的航管無線電才聽到胖子的聲音，正在跟航管溝通著，聽起來胖子就飛在他的前面不遠處，芒果跟航管打完招呼沒有多久，鴨子的聲音也從無線電中傳出。

「看來胖子還是本性難改，抓個大概時間就飛回來了，所以提早到也不意外，而鴨子聽他飛回來的方向，一定又是去舊金山的灣區，找朋友聊天吃喝去，看來不是聊天聊過頭，就是開車回機場的時間沒估好，所以延誤了一點時間……」覺得自己贏定的芒果一邊哼著歌飛，心裡一邊想著：「晚餐……晚餐……要吃什麼好呢？」

此時，芒果突然發現事情有些不太對勁……「咦？為什麼機油壓力表的數值變那麼低？雖然飛久了機油會少一點是正常，可是我明明從 Yolo County Airport 起飛的時候檢查過才起飛的啊！為什麼現在數值會那麼奇怪呢？」

看著油壓表中，正常狀況下應該要維持在一定數值的指針，正很緩慢很緩慢地下降，芒果越飛心裡越毛，這種狀況以前從來沒有碰過，現在教官又不在旁邊，這時已經把賭局忘得一乾二淨的芒果，對著油壓表發愁……「怎麼辦？怎麼辦？怎麼辦？我現在該做什麼才好，是我多心了嗎？這樣正常嗎？書上有說這個狀況的處理程序是什麼嗎？」芒果邊想邊把 POH（Pilot Operation Handbook）翻出來看，卻沒找到關於這種情況的處理程序……就在芒果愈來愈焦躁時，飛機已經離本場剩約二十分鐘飛程，在飛抵本場前十分鐘會途經一座平常練習常去的 Medera 機場。

「我現在有兩個選擇，一個是飛去 Medera，落地後檢查一下飛機，看能不能找出到底是什麼問題；第二個就是照原訂計畫一樣飛回本場落地，能夠正常飛回去就表示飛機沒故障，但該怎麼選擇呢？」芒果心裡天人交戰著，無法清楚判斷發生什麼問題，這時候後悔書念太少已經來不及了，飛機也無法在空中停著。最後，芒果拿起了無線電對航管說：「航管，我想改變我的目的地，請求新目的地去 Medera 機場降落。」

跟航管拿到許可之後，芒果就往 Medera 機場方向飛去！這個突如其來的請求，在同一個頻道上的鴨子跟胖子也都聽到了，過沒幾分鐘，頻道傳出鴨子聲音：「航管，這是鴨子的飛機，請求改變目的地去Medera機場！」芒果在頻道中，聽到鴨子改變目的地的請求，但他此時腦中只想著快點落地，心中那份不安全感越來越嚴重。

「航管，這是胖子的飛機，請求改變目的地去Medera機場！」胖子本來已經飛過Medera機場，卻因聽到芒果跟鴨子的要求，也跟著掉頭飛回Medera機場，就這樣三個人不約而同地一起飛去Medera，但彼此卻不知道對方突然改變目的地的原因是什麼？

第一個往Medera方向衝去的芒果，一邊對著跑道的五邊，一邊看著油壓表，除了油壓表之外，飛機並沒有其他的異常，眼看跑道越來越近，芒果漸漸地放心了，心裡想著：「呼！我好像太大驚小怪了，看樣子飛機沒什麼問題嘛！說不定根本只是儀表壞掉了，顯示不準確。本場離Medera不過也才多飛個十分鐘的距離，如果剛剛直接按原訂計畫往本場飛就沒事了，現在時間……」

「嘟……嘟嘟……！」就在芒果邊抱怨自己判斷錯誤、邊準備落地的時候，飛機引擎熄火了……突如其來的狀況，讓芒果整個人都嚇傻了！

「不！會！吧！是有沒有那麼衰！我都要落地了耶！怎麼辦？引擎要重新啟動嗎？可是離地面剩下五百呎的距離而已，重新啟動引擎要多久？我現在的時間夠嗎？五百呎可以重啟成功嗎？我怎麼跟個白癡一樣什麼都不知道？天哪！笨腦袋！快下個決定！」芒果瞬間慌了手腳，在引擎熄火後，短短兩秒鐘內，芒果腦中飛速閃過所有之前學飛考試的畫面、地面課程的內容，還有……自己的「人生跑馬燈」。

最後，芒果深吸一口氣，嚴肅地下了這輩子最重要的決定，把油門跟混油器（mixture）收

芒果引擎熄火迫降後，停在機坪

平時飛行出發前檢查滑油存量，如果不足就要加足夠才可以出發

掉，落地外型放出來，繼續往跑道「飄」下去，用剩有的高度一路飄到跑道頭落地了！

雖然停車降落（Power off landing）是平常考試的時候經常做的科目，就是模擬飛機在引擎熄火時，飛行員運用剩下的高度換取速度，然後讓飛機安全地降落，但是考試的時候，飛機只是把油門收掉來模擬情境，如果學生沒有做好的話，油門只要補上去，飛機又可以獲得動力，但芒果這次可是經歷貨真價實的飛機熄火，沒有做不好可以再做一次的機會！沒落好大概就要上當地的晚間新聞了！

帶著覺悟與腎上腺素，芒果這次的落地反而落的比平常考試還好，果然不能小看人在危機時被激發的潛能！飛機落地後，因為沒了動力自然慢慢地停在跑道上，人機安全後，芒果也慢慢地恢復了理性，知道鴨子的飛機正在後方也快要落地，他快速檢查了飛機，並將飛機重新啟動滑出跑道，將跑道清空。

停好飛機的芒果跑去檢查機油，發現機油竟然只剩下2qtr！就算芒果不是機務，也猜測應該是機油漏油了。隨後落地的鴨子把飛機停在芒果旁邊，下了飛機後，一臉疑惑地往芒果的方向走去。

第 175 天
轉降！

佛雷斯諾（Fresno）→
~~蒙特雷（Monterey）~~→
聖馬丁（San Martin）

「天有不測風雲，人有旦夕禍福。」

芒果之前發生的衰事，想必除了跟他自己的八字有關，但主要還是取決於他的人品？

「鴨子，今天飛哪裡？」芒果隨口問了鴨子這麼一句。

「今天唷！你看天氣這麼好，風和日麗，萬里無雲，當然去海邊走走囉！蒙特雷啦！」鴨子一副很興奮的樣子。

「海邊？等等你是中午靠近下午飛耶！你不怕海風一吹，海雲就直接吹進來唷？」芒果畢竟在天上的時間比鴨子長，提出了他對天氣的疑慮。

所謂海雲（Marine Layer），是由於海水蒸發及空氣壓力差而往內陸發展的水氣。如果水氣飽和（濕度高），就會有一層不厚、但高度很低的雲／霧吹進陸地，通常都在下午發生，如果鋒面到來則會加劇這種天氣型態。

「不會啦，我剛剛看了整個北加州沿海的天氣預報，蒙特雷當前天氣跟四小時內的預報都是好的啊！」鴨子拿出各種數據跟芒果解釋。

「還有，我不會跟你一樣那麼衰啦！正所謂『一命二運三風水，四積陰德五讀書』，你就是平時沒注意積陰德，所以才緊急迫降吧！哈哈哈哈哈！」鴨子不忘恥笑芒果一番，畢竟平時虧來虧去已經是大家生活日常的一部分了。

「祝你好運！」芒果被戳中痛處，不想再跟鴨子鬥嘴，只好默默飄到角落去滑手機了。

鴨子今天的計畫，是先飛一小時到蒙特雷，然後拿一台傳說中的免費豪華組員車，殺去漁人碼頭嗑一隻巨大的黃道蟹（Dungeness Crab），回程再去馬德拉機場，完成訓練要求的內容。

那麼要轉降哪裡呢？一開始計畫中的轉降機場薩利納斯（Salinas）也已經被襲罩在海雲之下了，鴨子攤開航圖，開始找尋適合降落的機場。

鴨子心想：「海雲會被山擋住，往山的另一邊找機場好了！」離當前地點比較近，又在山的另一邊，最適合的就是矽谷（Silicon Valley）裡面的機場了！保險起見，不要找離這一區太近的峽谷入口處，去離聖荷西（San Jose）比較近的聖馬丁機場（San Martin, KE16）好了！

鴨子告訴航管，自己打算轉降去聖馬丁機場，航管馬上給了一個航向，直接引導鴨子往聖馬丁飛去……鴨子之所以選擇聖馬丁機場還有另一個原因，假使聖馬丁機場在鴨子加完油以後，天氣也變差，導致飛機無法起飛回佛雷斯諾的話，鴨子有一個自小相識的結拜兄弟就住在不遠處的聖荷西，還可以打電話叫他來接鴨子吃飯，晚上更可以睡在他家！（損友無誤）

又飛了差不多半個小時，一切都如鴨子所料，海雲全部被山擋在矽谷之外，遠遠地就已經可以目視聖馬丁機場了。

鴨子心想：「就算沒有螃蟹，一般的美式餐廳也是可以啦……我餓了！」

聖馬丁機場在山邊，山的另一邊不遠處就是大海。這類機場最怕在海風強大時，氣流跨過地形後逆向吹往山上，稱之為「山岳波」（Mountain wave）的危險天氣。但鴨子沿路就有在無線電裡面聽海邊機場的天氣，今天的風並不算大，再轉回來聽聽聖馬丁的風向風速，一切都正常，於是選定了落地方向，加入機場的起降航線，安全平穩地降落在聖馬丁機場的跑道上，完成了這次臨時轉降。

滑出跑道後，鴨子想找一個離餐廳及服務中心比較近的停機位，可是，這個機場居然沒有

「天有不測風雲，人有旦夕禍福。」

芒果之前發生的衰事，想必除了跟他自己的八字有關，但主要還是取決於他的人品？

「鴨子，今天飛哪裡？」芒果隨口問了鴨子這麼一句。

「今天唷！你看天氣這麼好，風和日麗，萬里無雲，當然去海邊走走囉！蒙特雷啦！」鴨子一副很興奮的樣子。

「海邊？等等你是中午靠近下午飛耶！你不怕海風一吹，海雲就直接吹進來唷？」芒果畢竟在天上的時間比鴨子長，提出了他對天氣的疑慮。

所謂海雲（Marine Layer），是由於海水蒸發及空氣壓力差而往內陸發展的水氣。如果水氣飽和（濕度高），就會有一層不厚、但高度很低的雲/霧吹進陸地，通常都在下午發生，如果鋒面到來則會加劇這種天氣型態。

「不會啦，我剛剛看了整個北加州沿海的天氣預報，蒙特雷當前天氣跟四小時內的預報都是好的啊！」鴨子拿出各種數據跟芒果解釋。

「還有，我不會跟你一樣那麼衰啦！正所謂『一命二運三風水，四積陰德五讀書』，你就是平時沒注意積陰德，所以才緊急迫降吧！哈哈哈哈哈哈！」鴨子不忘恥笑芒果一番，畢竟平時虧來虧去已經是大家生活日常的一部分了。

「祝你好運！」芒果被戳中痛處，不想再跟鴨子鬥嘴，只好默默飄到角落去滑手機了。

鴨子今天的計畫，是先飛一小時到蒙特雷，然後拿一台傳說中的免費豪華組員車，殺去漁人碼頭嗑一隻巨大的黃道蟹（Dungeness Crab），回程再去馬德拉機場，完成訓練要求的內容。

時間一到，鴨子準時啟動引擎，滑出停機坪。當然在這之前還自拍了一張，寄給芒果跟胖子。芒果自然是已讀不回，胖子則回了一句：「帶一隻螃蟹回來煮。」這都在鴨子的意料之中。

如同天氣預報一樣，天氣十分良好。鴨子駕駛著小湯姆，緩緩爬上六千呎的高度，直直地飛向蒙特雷。這附近的地形地貌，鴨子都已經非常熟悉，加上能見度可說是無極限，氣流也很穩定，鴨子十分悠閒愜意地巡航著，不時在無線電頻率中聽到同學的聲音，還抓住空檔跟同學在無線電裡面打招呼。

飛著飛著，已經靠近山脈了，母基地佛雷斯諾是位於一個左右寬達一百浬的縱谷「聖華金縱谷 San Joaquin Valley」）之中，所以要到海邊，當然要穿越一座又一座的山，平時開車時，覺得要爬很久的山，在天上看來卻只是一個小坡而已。

「轟……」由於山脈的地形影響，通常山區上方的氣流都不太穩定，而跨越標高三千六百呎山峰時，即使鴨子已經飛在六千呎的高度，依然會受到這些亂流的影響。鴨子稍微收回油門，將空速降到機動速度以下，避免遇到更大的亂流可能造成飛機結構損害或失速。

亂流並不嚴重，時間也持續得並不久，當快越過這個山脈，眼前的景象反而讓鴨子吃了一驚……

「幹！這三小啊？」鴨子髒話脫口而出，好在小飛機沒有座艙通話記錄器，不然如果錄音被播放出來，還真是有點不好意思。

什麼樣的景象讓鴨子直接譙出髒話呢？原來，越過山脈時，鴨子看到從山邊，遍布著海雲，一直延伸到海上……

目前只具備目視飛行資格的鴨子遇到這種被雲幕遮蔽的機場也只能轉降到其他地方了

「挖靠！天氣預報不是說天空無雲幕（Sky clear）嗎？這樣可以打電話去客訴氣象預報不準嗎？」鴨子有點惱火，雖然這樣的天氣不會影響安全，但煮熟的螃蟹肯定會游走的……

鴨子開始想著解決之道，看到海上一段距離後，還是沒有雲的，就想著是否可以申請「特種目視飛航」（Special visual flight rule），飛到海上後再下降至雲下，貼著雲飛進來。

「不行不行，如果飛太遠，引擎出問題的話……我要有足夠高度滑翔回陸地上迫降，不然也是違規啊！現在看不到地面，我怎麼知道這個雲離岸有多遠啊！」鴨子心理盤算著，在保障飛行安全的前提之下，規定是最重要，而且一定必須遵守的。

「小湯姆，北加州近場管制，目前蒙特雷因為雲幕過低，報告為儀器進場天氣，告訴我你的意圖。」航管這時候也把最新的資訊報告給鴨子，而鴨子只能淡淡地回一句：「稍待。」

由於，一開始就打算拿免費的豪華組員車來開，而免費的前提就是要在蒙特雷的服務中心加足量的油，所以這趟飛行，鴨子並沒有帶太多的油，眼看天氣不可能變得符合降落的法規需求，鴨子做了一個最痛苦的決定「轉降」！

那麼要轉降哪裡呢？一開始計畫中的轉降機場薩利納斯（Salinas）也已經被籠罩在海雲之下了，鴨子攤開航圖，開始找尋適合降落的機場。

鴨子心想：「海雲會被山擋住，往山的另一邊找機場好了！」離當前地點比較近，又在山的另一邊，最適合的就是矽谷（Silicon Valley）裡面的機場了！保險起見，不要找離這一區太近的峽谷入口處，去離聖荷西（San Jose）比較近的聖馬丁機場（San Martin, KE16）好了！

鴨子告訴航管，自己打算轉降去聖馬丁機場，航管馬上給了一個航向，直接引導鴨子往聖馬丁飛去……鴨子之所以選擇聖馬丁機場還有另一個原因，假使聖馬丁機場在鴨子加完油以後，天氣也變差，導致飛機無法起飛回佛雷斯諾的話，鴨子有一個自小相識的結拜兄弟就住在不遠處的聖荷西，還可以打電話叫他來接鴨子吃飯，晚上更可以睡在他家！（損友無誤）

又飛了差不多半個小時，一切都如鴨子所料，海雲全部被山擋在矽谷之外，遠遠地就已經可以目視聖馬丁機場了。

鴨子心想：「就算沒有螃蟹，一般的美式餐廳也是可以啦……我餓了！」

聖馬丁機場在山邊，山的另一邊不遠處就是大海。這類機場最怕在海風強大時，氣流跨過地形後逆向吹往山上，稱之為「山岳波」（Mountain wave）的危險天氣。但鴨子沿路就有在無線電裡面聽海邊機場的天氣，今天的風並不算大，再轉回來聽聽聖馬丁的風向風速，一切都正常，於是選定了落地方向，加入機場的起降航線，安全平穩地降落在聖馬丁機場的跑道上，完成了這次臨時轉降。

滑出跑道後，鴨子想找一個離餐廳及服務中心比較近的停機位，可是，這個機場居然沒有服務中心，更沒有餐廳這種設施！

「靠夭啊！現在是怎樣？」鴨子看到空蕩蕩的機場，除了一個自助加油泵，沒有其他的東西，他只好默默地將飛機滑去加油泵旁邊，把小湯姆餵飽以後，打開了飛行包，將自己的緊急口糧及零食拿出來充飢。

晚上回到佛雷斯諾之後，有鴨子宿舍鑰匙的胖子跟芒果已經在裡面等著鴨子了。胖子一看到鴨子就說：「啊！螃蟹嘞？快點拿出來好不好，很餓耶，我水都燒好了，就等主角回來了！」

鴨子有點感動：「我是主角？」

胖子有點不屑：「你算哪根蔥啊？我說的是螃蟹！」

鴨子聽完十分沮喪，開始跟胖子和芒果說今天在蒙特雷遇到天氣驟變、油量快不夠、轉降聖馬丁的事。

胖子聽完以後，說：「幹！先生，以後有這種狀況先打個電話回來說好嗎？害我們為了等著蒙特雷的螃蟹，都還沒吃晚飯嘞！」

鴨子一臉無辜地說：「我也沒吃啊！不然現在一起去吃咩！」

胖子第一時間出門，而鴨子在準備鎖門時，聽到芒果在後面幽幽地說了一句：「我看你平時也沒積什麼陰德嘛，人品也不過就這樣……」說完就去牽車了。

而幾近「石化」的鴨子，站在門口傻了很多秒，心中想著：「下次我一定要帶吃剩的螃蟹殼回來，砸在芒果臉上……」

飛行資訊佈告欄
For Your Information

特種目視飛航（Special visual flight rule）

大意是指航空器在管制單位的管制範圍內，雖然能見度低於目視飛行標準，但還是可以在管制單位的許可下保持目視飛行，飛行員必須保持不能進雲，而且目視地表的狀況，以美國的標準能見度最低必須保持在 1SM（Statute Mile，大約是 1,600 公尺）以上。

第 190 天
驚險重飛?!

佛雷斯諾（Fresno）→
哥倫比亞郡（Columbia）

「Tomahawk 2476 go around! Heading 270, climb 3000 ft」

「剛剛進場也太高了吧，呵呵！這個機場真是不好飛啊，都怪自己下降計畫沒做好……」胖子一邊喃喃自語、一邊執行了重飛程序，挑戰懸崖邊的機場第一次落地失敗！雖然在來之前就知道飛這個機場不是那麼容易，不僅有山谷間的亂流、五邊下滑道的判斷，更因為在懸崖邊缺乏參考點而容易產生錯覺，心裡面早有準備的情況下還是沒飛好，重飛之後又嘗試一次進場，有了剛剛的經驗，這次總算是順利地落地了。

胖子學飛過程裡，這是第一次自己決定執行重飛，對他來說，記憶深刻，雖然往後的飛行生涯還會有無數次的狀況需要重飛，但當下胖子對自己做了這個正確的決定而開心。

「有計畫的冒險」絕對是飛行員潛藏的特質，這句話不知道誰說的，不過肯定可以印證在胖子身上，每次有機會單飛，胖子總會設法到一些同學比較不常去的地方，一方面累積經驗；另一方面也是不想總是飛那幾個機場，飛到跟塔台航管員都熟到可以聊天了，在加州的這幾個月，他的飛行足跡遍布了大江南北，不要小看這個陽光充足、看似風光明媚的「Golden state」（加州的別名），有許多小機場在炎熱的沙漠裡、峭壁懸崖邊，還有湖邊又短又小的跑道，這些機場如果不是當地人熟悉地形及氣候，外人想要飛來看看風景，沒有兩把刷子的飛行功夫是很難安全降落的。

胖子的膽子雖然看起來跟身體一樣肥，但實際在飛行的時候，他卻是再小心不過了，出發前的準備計畫、機場設施狀況、航路及目的地天氣，按部就班地都檢查過才出發，當然，也會順便看一下機場附近的餐廳評價，因為胖子說餓肚子飛行是非常危險的。

完整的計畫永遠趕不上天氣的變化，好端端地天氣往往在到達時就狂風大作，眼看著要落地了，卻突然被山谷間的熱氣流把整架飛機頂起來，偏離了下滑道，狀況百百種，見招拆招是必要的本事，否則，飛行怎麼會那麼吸引人，胖子在整個學飛的過程，一共去了六十多個機場，練就了一身好本領，當然也練習了好多次的「重飛」。

就好像有一次，胖子飛去湖邊的一個非常偏僻無人管制機場 Kern Valley，一路上風光明媚、氣流平穩，看起來沒有任何威脅的好天氣，況且跑道還是又寬又長，但就在毫無戒心的情況下，在離地大約二十公尺的高度突然一陣怪風吹來，即使胖子已經手腳並用地控制住飛機，一眨眼的時間飛機卻已經被吹到跑道範圍外的地方了，胖子連罵髒話的時間都沒有，眼看再不處置就要落在跑道外吃草去了，胖子下意識的動作把油門推到最大，順勢帶起機頭建立了爬升的姿態，收起襟翼，又是一次完美的重飛；當飛機爬升到平飛高度時，胖子回頭看了一眼機場，心想，還好及時重飛，不然輕則飛機受損，重則機毀人亡，好險好險……

「驚險重飛」其實不是重飛這個動作驚險，而是如果不重飛，後續就真的會非常驚險，所以飛行學校在考學生單飛的課目中一定會有「重飛」這一項，目的就是讓飛行員永遠把重飛當做是進場落地程序中的一部分，差別只在於要不要執行這個程序而已。

重飛的程序其實不難，不外乎就是加油門、帶機頭、收輪子……等等，大到如七四七，小到如單螺旋槳飛機，程序上都是大同小異，關鍵的困難在「決心」，遇到狀況的當下，只有幾秒鐘的時間，讓你決定要不要重飛，再來一次？

很多飛行員都覺得自己很厲害，誰也不服誰，平常落地都要比誰落的輕，誰落的好，如果落不下去要重飛再來一次，對有些人來說簡直是羞辱，不過胖子沒這個問題，因為他信奉一句至理名言「不爭一時，爭長久。」，當個老飛行員勝過當個帥飛行員……「媽！我上新聞了。」這句話絕對不是飛行員希望看到的。

生活在二度空間，沒有接觸航空相關經驗的人對於飛行總是充滿了好奇心，也就是因為不了解，所以常常會有一些誤解，「重飛」就是最好的例子。你是否常看到新聞媒體報導「某某航空落地失敗，驚險重飛，乘客虛驚一場……」對於這些聳動的標題及新聞內容，外行人一定以為是飛行員技術不好，內行人卻往往只是莞爾一笑。

當飛行員在落地的過程中覺得速度不對、高度不對、航道誤差、身體不適、天氣不好，或是任何不管是非對錯的不舒服感覺，都應該重飛，也就是放棄落地，繞出去，重來一次，這是最安全的做法，逞英雄勉強地落地往往才是許多飛安事故的肇因，所以我們要注意……吧啦……吧啦的……眼看胖子要開始滔滔不絕……

「好了！好了！知道了啦，又開始說教了！」鴨子跟芒果邊搖著手、邊朝停車場跑去……聽到胖子又開始說大道理，兩個人趕緊找理由離開。

「喂！今天晚餐吃什麼？」胖子對著已經跑遠的兩個人喊著。

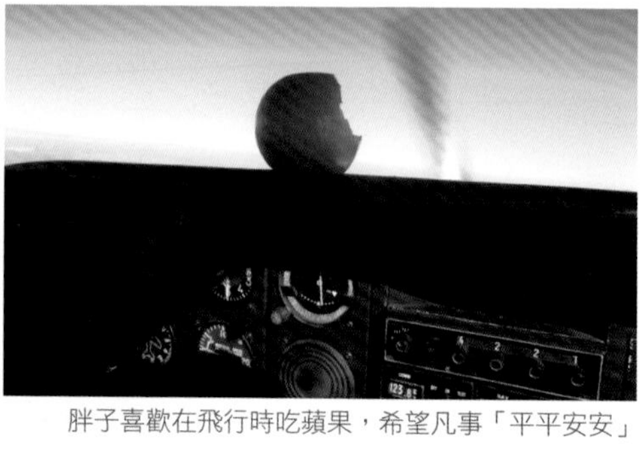

胖子喜歡在飛行時吃蘋果，希望凡事「平平安安」

第 205 天
糟糕的事

佛雷斯諾（Fresno）→
沙加緬度（Sacramento）

「北加州離場管制，請求轉換目的地至沙加緬度行政機場！」鴨子忍著肚子翻滾中的不適感，用最後的力氣（誇張！）向航管提出這個申請。

「許可！兩點鐘方向飛四浬，允許轉換無線電頻道，晚安！」

鴨子此時熱淚盈眶，「Controller 人真 Nice 啊！」接著馬上將駕駛桿往右一打，前往這個「救命機場」！

由於，曾經跟教官來過這個機場，即使有三條方向不一的跑道及複雜的滑行道，鴨子也是很熟悉地滑到了航站，外加機場塔台晚上十點就下班，鴨子更是不需任何人許可，只在機場無線電頻道中報出自己的位置與行進方向計畫後，就直接一路滑入停機坪，並且用最快的速度關掉引擎，綁好飛機，衝向航站大門！

「匡噹」！

航站大門……鎖住了？鴨子不敢相信這個事實，又用力地搖晃了一下大門，但這扇門卻依舊聞風不動，整個航站完全封鎖？透過落地玻璃門，鴨子看到大廳另一端的廁所，忽然心中無限感慨：「世界上最遙遠的距離，不是我在妳身邊，妳卻不知道我愛妳，而是賽嘞滾的時候，看著廁所卻不得其門而入……」

「事到如今……只能吸收日月精華了！我的飛行包裡面有一包面紙，但是，哪裡是『最佳迫降地點』呢？」環顧四周，都是空曠的停機坪，鴨子心想總不能把「紀念品」留在機坪上吧！這樣太缺德了，說時遲那時快，鴨子眼角餘光一瞟，看到塔台正下方有種植一些灌木……

「好吧！給植物施肥！」鴨子又馬上飛奔回飛機上，翻出平時就會隨身攜帶的一整包面紙，接著衝到塔台下的灌木叢後面……緊急狀況解除！身心通體舒暢的鴨子再次起飛，平安地返回了佛雷斯諾（Fresno）。

故事到這裡就結束了嗎？並沒有！真正的悲劇，往往都是當你以為沒事之後才發生！

第二天下午，鴨子依照排定的課程時間，準備與教官一起越野飛行，在起飛前一小時與教官碰面，教官隨口問道：「你的第一次夜間獨自越野飛行如何啊？」

「嗯……很不錯啦！但還是發生了一些糟糕的事。」鴨子有點難過地向教官說。

而鴨子的教官一聽到這句，表情馬上十分嚴肅，且認真地問道：「發生什麼事了？」

鴨子：「沒有啦！就一些小事啦……等下上飛機我再告訴你……」

教官：「你違規了嗎？你把飛機弄壞了嗎？快點跟我說，我可以幫忙善後！如果你不說，我就馬上取消今天的飛行！」

鴨子：「那你保證不會笑，而且不跟別人說！」（慌張）

教官：「我保證！」（眼神堅定）

鴨子帶著對人性最後的信任，緩緩地將昨晚發生的事告訴自己的教官。話才說到一半，教官已經趴在桌子上抖動了……而當鴨子將在灌木叢「施肥」這段說完，教官居然整個爆笑出來，甚至笑到噴眼淚了！

鴨子：「你說你不會告訴別人唷！」

教官：「好啦……好啦……我保證！」（憋笑三秒外加堅定的眼神）

天真的鴨子心想：「這樣總不會影響我的進度吧！等等照時間起飛……」於是，鴨子還是

如往常一樣繼續看著沿途的天氣並檢查飛行計畫。

十五分鐘後，另一位B教官走進了簡報室，笑到臉都發紅地對鴨子大喊：「鴨子！聽說你昨天晚上在沙加緬度亂大便啊！」

伴隨著整間簡報室的大笑聲，鴨子當場傻住，心中落下了悔恨的眼淚：「不是說好，不跟別人說的嗎？」

隨後七、八個教官分別進入簡報室，每個人臉上都帶著開心的笑容跟鴨子打招呼。而招呼的內容都有兩個關鍵字：「沙加緬度」及「大便」！當然笑聲在簡報室內一波接著一波，其實老美酸人也十分有一套！

鴨子十分無奈，只能低著頭讓眾教官調侃，默默地走到櫃檯去跟簽派阿伯拿飛機鑰匙。平時和藹的阿伯十分友善對鴨子說：「沒關係，不要理那些壞人！」正當鴨子備感窩心時，阿伯又接著說：「我有一份禮物要給你！」然後，就從抽屜裡，緩緩拿出一個捲筒衛生紙說：

「帶著它，也許今天你也需要！」說罷，就將衛生紙塞到鴨子的飛行包中，開始大笑到忘我！

而鴨子只能默默地拿著鑰匙、飛行包及那個「愛心捲筒衛生紙」走向停機坪，

沙加緬度行政機場是鴨子曾經「夜間施肥」的地方

心想著這個故事到底會發酵到什麼程度，明天又有何臉面來面對全校的教官與同學，尤其是那兩個落井下石不落人後，火上澆油爭先恐後的芒果和胖子了！

只能說，鴨子在這次「施肥」事件中學到兩個寶貴經驗：

一、永遠不要把祕密告訴任何人，尤其是自己的糗事。

二、上飛機前不要吃「加州玉米捲」！

El Nido
prisons
Fairmead
CHAPMAN (Pvt)
Berenda
Dairyland
MADERA (MAE)
TRIANGLE T
EL PECO
Firebaugh
SEAT BACKS ERECT
FASTEN BELTS/HARNESS
FUEL SELECTORS ON
LANDING CHECKLIST
COWL FLAPS SET
ELEC. FUEL PUMPS ON
MIXTURES RICH
GEAR
PARK BRAKE PULL
power station
COURSE
ARROW
MADE IN KOREA

第5篇

儀器飛行執照課程

Instrument Rating

模擬機就是「整人箱」，你以為自己已經是飛行員，進入這個階段後，才知道一切都還言之過早！

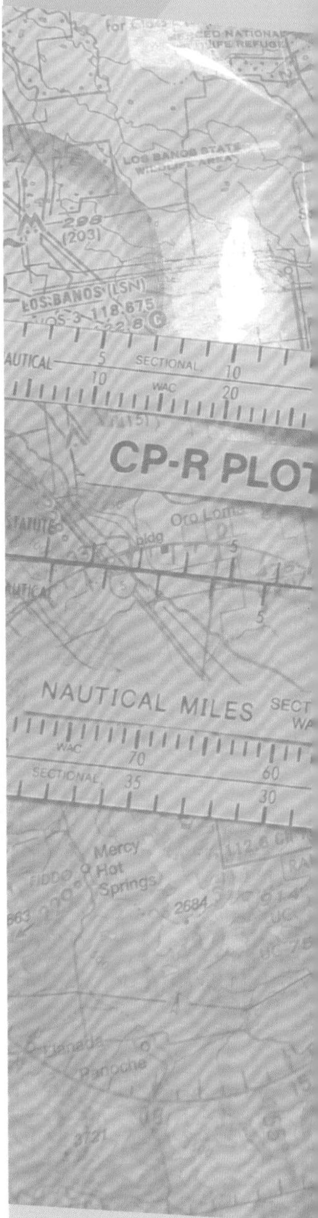

第 215 天
尋找全新的地平線

佛雷斯諾（Fresno）訓練空域

胖子、芒果及鴨子在私人飛行執照訓練期，以及之前的獨自越野飛行，都是用最基本的目視航行進行飛行訓練。目視航行雖然簡單、直接又充滿樂趣，但有一個先天上的缺陷：受天氣影響的程度非常大！依照美國的航空法，進行目視飛行至少要有三哩的能見度，機場上空的雲幕高度也要有一千呎才可以進行起飛及降落；而在航行過程中，除了能見度的要求，更要求飛機必須維持在任何一塊雲下方五百呎，或上方一千呎，又或水平隔離兩千呎。

所以，只要天氣狀況稍差，就無法順利完成既定的飛行計畫，只能轉降到其他符合規定的機場了！（請參考〈第175天轉降！〉）

「儀器飛行」顧名思義就是只依靠駕駛艙內的飛航儀表及導航設備進行飛行。原則上，儀器飛行受天氣的影響就非常之小了！

記得電影《珍珠港》（Pearl Habor）裡的隊長詹姆斯・杜立德（James Harold "Jimmy" Doolittle）嗎？全儀器飛行就是由他發明的航行方法，杜立德的首次儀器飛行是用很簡單的無線電導航台及自製的簡易儀器，用毛毯將座艙完全遮蔽完成飛機起降，而杜立德的儀器飛行創舉發生在一九二九年，鴨子跟芒果當時絕對還沒出生，而年紀最大的胖子也還在「前世」……

在私人執照訓練期，依據法規，教官都要給飛行學員最基本的儀器飛行訓練。鴨子當時的教官，是在飛機爬升至較高高度後，給鴨子戴上睡覺用的眼罩，只依靠本身感覺聽他指令進行轉彎、爬升、下降等飛航動作，教官在鴨子自以為飛機已經改正平飛後，叫他摘下眼罩……

「靠北！這是怎樣？」鴨子看到窗外的狀態大吃一驚，原以為飛機已經穩穩地在平飛，但實際上卻是處於一個機頭朝上、坡度達到三十度、快要進入失速的狀態！

儀器飛行的飛機裝備跟之前的小湯姆不同，多了一套 GPS

「現在你可以體會，人的感覺在三度空間中有多麼不值得信任了嗎？」教官一臉賤笑，看著被嚇到的鴨子，十分滿意地說著。

進入儀器訓練階段，自然也要開始使用新的教材。除了學校發的美國聯邦航空管理局（美國民航局，Federal Aviation Administration，FAA）官方出版的儀器飛行教材外，所有人都不約而同加購另一本由傑弗遜（Jeppesen）所出版的儀器飛行教材，而這本飛行教材也變成大家必讀的聖經。

由於，儀器飛行需要學習更多程序、法規及各種無線電及衛星導航的知識與理論，本來對目視飛行已經駕輕就熟的鴨子，又忽然備感壓力，進入了閉關模式，開始猛K新入手的幾本教材。

「唉唷，不就是把窗外的地平線，改成看『姿態儀』（Attitude Indicator）的地

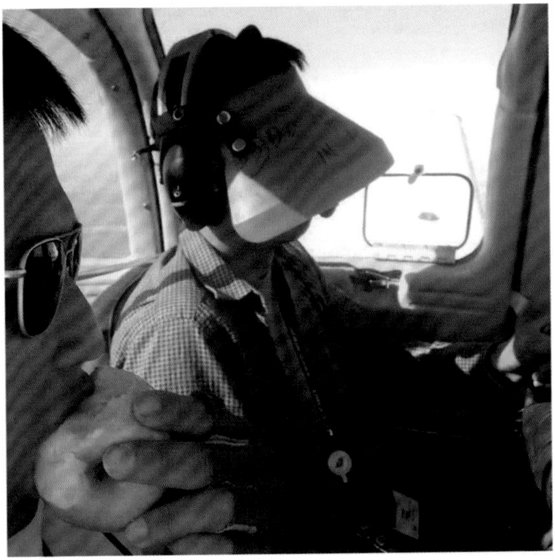

戴上「HOOD」飛行，剛開始都不習慣

平線而已嗎？」芒果躺在鴨子的沙發上滑著手機，一派輕鬆說著。

鴨子忍不住翻了白眼，心想：「靠！說得這麼輕鬆！當初剛進入儀器階段時，不知道誰還緊張到詔告天下說要閉關念書，什麼打麻將之類的活動完全不要揪他嘞！現在居然開始擺老了！」

但芒果說的是實話，所有飛機的儀表，都是將姿態儀做得最大、放在最中間，這自然說明了姿態儀在飛行中的重要性。而如何妥善分配時間及順序，以姿態儀為中心，交互檢查每一個儀表所告訴你的航行資訊，變成新進儀器訓練學員最大的課題。

在開始儀器飛行的地面學科課程後，鴨子的教官在例行的雙人教學目視越野飛行課提出這樣的建議：「我們試試看，起飛離地之後，你就戴上訓練用的遮蔽罩（儀器飛行訓練用具，戴上後就無法看到窗外），全程只用儀表來飛看看！」

鴨子想了想，覺得這是個實踐書上理論的好機會：「來就來啊！誰怕誰！」

飛機一離地，鴨子戴上遮蔽罩，死盯著姿態儀，果然飛機就以標準的速度及速率爬升……

「剛剛航管給你的離場高度限制是多少？」教官忽然提醒，鴨子才想起高度限制是兩千呎，眼睛一瞟高度表，已經一千九百呎了！

鴨子一邊跟航管聯繫，同時瞬間推下駕駛桿改平飛飛機，並將油門收回一些，以免引擎轉速過大。

「你現在往哪邊飛啊？」教官又開口了，鴨子趕快又瞄了一眼航向儀，發現跟預劃航向差了十度，又急急忙忙把坡度一壓，改回本來預定的航向。

教官直接指出鴨子的不足：「在地面上，你知道交互檢查的順序，但飛上了天以後，加上航管的指示一個接一個，對初學者來說一定會手忙腳亂，但跟目視飛行一樣，永遠都要記得把你的飛機給飛好，其他的事都可以等下再說！順序一定是：飛行（Aviate）、導航（Navigate）、通話（Communicate）！」

在教官一路的提醒與指導下，鴨子完成了這趟「模擬儀器飛行」，收穫頗豐。

回來之後，鴨子興奮地跟芒果和胖子滔滔不絕說著今天的心得，但芒果卻還是滑著他的手機，頭也不抬地回了一句：「才剛開始嘞！後面有你受的，好好撐著吧！」

而胖子更過分，根本不管鴨子說什麼，只說：「你有完沒完啊？都在等你回來煮晚飯耶！我餓了啦！那些廢話等你煮完飯再說好不好！我剛剛看你冰箱裡面有牛排，拿出來烤一下吧！」

鴨子完全傻眼，心想：「果然人會胖不是沒理由的……連我冰箱裡有什麼食物都調查好了，死胖子！」

進入儀器飛行階段用的飛機是 PIPER PA-28

胖子忽然又說：「你的表情……好像在心裡罵我死胖子啊？」

鴨子再次傻眼，只好默默地走向冰箱，拿出牛排來「孝敬」兩位學長。

牛排還是很有價值的，吃完後，胖子告訴鴨子：「你接下來就要進入『整人箱』了，切記，那個爛東西飛起來跟真飛機完全不同！」

鴨子問：「你在『整人箱』是發生了什麼悲慘的故事嗎？」

胖子閉上眼睛、若有所思地說：「一言難盡……到時候你就知道了……」

鴨子心想，胖子應該不是在想事情，純粹只是吃太飽想睡覺罷了，居然一餐就嗑掉15盎司的牛排！

接下來兩天，鴨子與教官完成了第一階段的地面課程，教官也給鴨子一個簡單的口試，確認鴨子可以掌握基礎儀器飛行知識與程序後，就正式開始幫鴨子排「整人箱：Frasca 142 飛行模擬器」的課程了。

飛行資訊佈告欄
For Your Information

PIPER PA-28

PIPER PA-28 CHEROKEE（ARCHER）是單引擎四人座，低翼，使用萊康明 O-360 引擎，最常被使用來做為教學及空中計程車的功能。

第 230 天
儀器飛行整人箱

佛雷斯諾（Fresno）模擬機教室

加州的夏天是典型最適航的天氣，乾燥、萬里無雲，天氣也相對其他季節平穩許多。這個夏天，芒果三天兩頭都在飛他的越野單飛，越野單飛號稱是所有飛行訓練課程中最開心最輕鬆的課程，每天睡飽起床開始看天氣，決定要飛去的機場，做完飛行計畫就起飛出發！

哪邊天氣好，拿了飛機飛過去！哪邊風景壯觀、有熱鬧活動，拿了飛機飛過去！哪個城市有朋友，拿了飛機飛過去！哪家餐廳好吃，拿了飛機飛過去！一個月過去，芒果去了二十多個機場，體重也直線上升達到體重機上的巔峰，根本是「過太爽」！

眼看越野單飛課程將近尾聲，教官跟芒果說：「我看你快把越野單飛的課程飛完了，也差不多該進入下一個階段─儀器飛行的訓練了。我看我們就從下禮拜開始新的課程吧！下個禮拜開始我們會有一段時間不會飛真飛機，改飛我個人最愛的『模擬機』！其實它不難，畢竟你『都已經會飛了』，模擬機就跟打電動一樣，應該不會有太大的問題才對。」教官說完後，嘴角上揚了一下，不過當時芒果並不明白那是什麼意思……

「那我們就開始了喔！」教官一邊設定著模擬機的參數、一邊說著：「今天飛的內容全部都是你學過的，轉彎、平飛，保持你的高度速度，唯一不同的就是只能用儀器來飛，不像之前可以藉著窗外的地平線跟建築物當作參考，準備好了嗎？」

芒果聽完教官的解釋後，心想：「這應該不會太困難吧？不過就一些基本的動作而已，好歹我飛到現在飛行時數也有個一百多小時了，這種第一堂課就在學的東西，還飛不好也太遜了！」但是事情並不是芒果所想的那麼簡單，不然模擬機也不會被大家戲稱為「整人箱」了！

「好，我們起飛後爬升到兩千呎，先平飛保持高度維持速度，然後做一個一百八十度的左轉。」教官下完指示後，一邊監控電腦上面的參數、一邊盯著芒果有沒有做對。

「高度！」教官說。

「啊！對不起！」芒果這才驚覺飛機的高度已經超過兩千呎了。本來是再簡單不過的平飛，芒果卻把模擬機「飛的」上上下下的，什麼高度都有，就是沒辦法保持在兩千呎的高度。

「你的速度也不對喔！」芒果還在專注於修正高度的同時，速度也開始跑掉了，真是一波未平，一波又起。此時，教官又說：「欸！你不是應該平飛保持航向嗎？為什麼現在開始在轉彎了啊？」

這時的芒果根本顧不得回答教官，手忙腳亂地忙著修正他的模擬機，但模擬機卻沒有一刻是飛在它應該在的位置上。

「怎麼會飛成這樣呢？你不是已經飛了好一陣子嗎？不是越野單飛課程都結束了嗎？我們現在只是要平飛耶，其他什麼的都還沒有要做喔！欸！說著說著你的高度又跑掉了，啊呀！這樣怎麼行呢？我們還要進行下一個科目耶，現在這樣的狀態，今天課程時間怎麼夠呢？本來還想說你之前的飛行都還算不錯，看看能不能超前一下進度的，現在，如果能不加課就偷笑囉！」教官的碎念一刻都沒停過，但是芒果根本無力回嘴，現在光是要讓模擬機乖乖地保持平飛，就已經飛到滿手都是汗了。

「喔，看樣子你終於讓模擬機穩下來了，我還以為今天第一堂課就要在維持『飛平』和『飛中』度過呢！那接下來做下面的科目吧，現在做個爬升的左轉一百八十度彎，爬升率保持每分鐘五百呎，準備好就開始吧！」聽完教官的指令，芒果心裡已經可以預見等等大概會發生什麼事情了。

剛剛只是保持住高度、速度、航向，就快把芒果搞到升天，現在再多加個爬升率，狀況是能夠好到哪裡去？不過沒辦法，課程還是要繼續，只好硬著頭皮上了……沒有意外的，模擬機跟碰到龍捲風一樣，又開始亂飛了。

「才剛誇獎完你，你又開始亂七八糟了，現在只是要你再多盯一個儀錶，其他的你又抓不住了。你每一個都應該要顧好啊，盯著一個儀錶太久，其他的一定又會跑掉的。」教官繼續碎念著，芒果的心裡也很氣憤，氣自己明明在真飛機上面也算是駕輕就熟了，怎麼在「整人箱」裡面自己會跟個初學者一樣。

第一堂模擬機的課程就在芒果不知道自己在飛什麼的狀況下結束。芒果一副剛剛從噩夢中驚醒卻尚未清醒的樣子，整個人

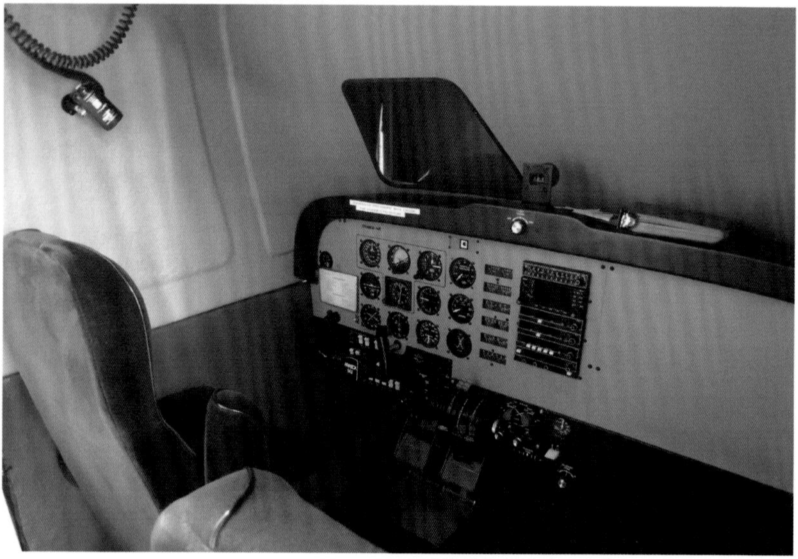

模擬機讓所有第一次接觸的菜鳥吃足了苦頭

癱坐在教室椅子上，教官則是收拾完模擬機之後，笑嘻嘻地往芒果的方向走過去。

「現在你知道為什麼我們會稱模擬機為『整人箱』了吧！」教官邊寫著課程資料袋、邊跟芒果說。

「為什麼我的表現會那麼差呢？我也不是不會飛，但是以前的飛行經驗在模擬機裡面完全用不上，不能往窗外看地平線，只能盯著儀錶飛，竟然能夠差那麼多！」芒果沮喪地說著，十分不能接受今天的表現。

「大家一開始都是這樣的啦！以前飛目視飛行的時候，你是看著外頭在飛，高了、低了，或是歪了馬上就能發現，很自然的你就會立即去修正與調整。今天的課程並沒有外界的畫面給你做參考，飛機都是飛你給它的量，所以當你看到儀錶顯示數據不對才去修正，這樣的動作永遠比飛機慢，如此一來，飛機絕對不可能飛的穩定。儀器飛行，飛行員應該要想在飛機的前面，掌握好所有儀錶，而不是看到高度數據不對，修正高度，速度數據不對，修正速度，航向偏離，修正航向……不過你也不要氣餒，等之後熟悉了就會表現正常了。」教官說完，拍拍芒果的肩膀。

課程結束後，芒果從教室走出來碰到了鴨子。

鴨子一臉疑惑地問說：「芒果，模擬機裡面很熱是不是？你為什麼滿身大汗呢？」

「嗯嗯，對啊！飛模擬機超容易流汗的，等你開始模擬機課程就會感同身受了！」芒果說完這句話之後，露出了一臉賊笑，也終於了解當初教官的笑是隱藏什麼了！

飛行資訊佈告欄
For Your Information

儀器飛行小技巧：

- E：Establish 把姿態儀當成主要參考建立飛機的狀態，先穩定姿態儀。
- T：Trim 利用調整片或電動配平減輕操縱桿的壓力。
- C：Crosscheck 交互檢查儀錶是否是自己所想要飛的數據。
- A：Adjustment 發現誤差後，回到姿態儀做調整，並重複執行 E、T、C 的動作。

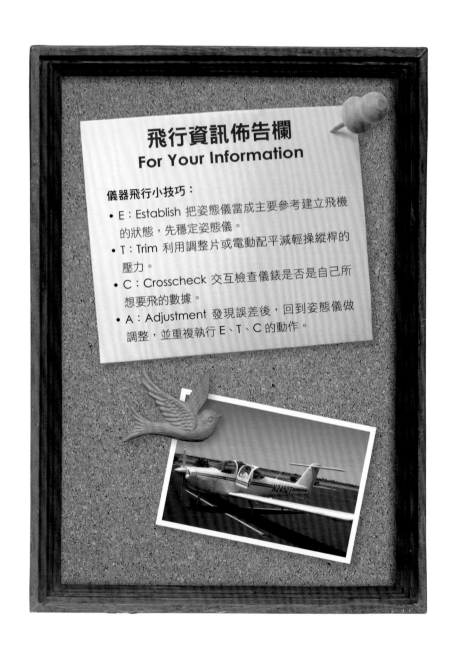

第 235 天
我恨N次貼！

佛雷斯諾（Fresno）模擬機教室

儀器飛行課程裡，胖子最討厭的就是模擬機，因為困在小小的「整人箱」裡，不僅沒風景看，又要應付一堆狀況，由於不是真的飛行，教練的模擬狀況可一次比一次還誇張，任何裝備都會壞掉，什麼離譜的天氣都會遇到。

這一天又是模擬機的課程，已經上了兩堂課的胖子意興闌珊地走到教室，鴨子跟芒果早就在教室裡等著旁聽觀摩，胖子放好書包一轉身看到教練對他詭異地笑著（一陣寒風吹過），他冷冷地看著教練：「你今天又想幹嘛?!」

「嗯！這樣說，今天的課程將會很有趣喔！」教練倒是很開心的邊說、邊吃他的早餐。

課目是基本儀器飛行，內容大概就是利用飛機上的儀表在沒有外界參考物的情況下操作上升、下降、空速變換、轉彎……等等；胖子對於這樣基本的課目早已熟練，所以絲毫沒有一點戒心，但直覺告訴他今天事情不會這麼簡單，只是不知道教練還可以出什麼怪招。

進到模擬機教室，胖子很快地把該做的飛行前程序做完，也順利地起飛了，平飛的過程中，教練突然從後面拿了一張黃色的「N次貼」貼在姿態儀前面。

「喂喂喂！你在幹嘛啊？我看不到姿態儀怎麼飛啊？」還搞不清楚為什麼的胖子忙著利用剩下的儀表控制著飛機，略顯吃力地叫著。

「姿態儀壞了啊！這種事常發生。」教練若無其事地說著。

「屁啦！最好是常壞掉，而且，就這麼巧天氣不好的時候壞掉，我才沒有那麼衰！哼！這難不倒我！」胖子嘴上抱怨著，卻也已經把飛機恢復了平穩的狀態。

「不錯喔！」教練拍手稱讚的同時又再拿了另一張「N次貼」貼在升降速率表上面。

「Fucx xxx!」胖子忍不住大罵，因為高度變化的參考只剩高度表了，偏偏高度表的變化會比較遲滯，等發現到通常已經為時已晚。

「你確定這樣合法嗎？我要怎麼飛啦！」胖子開始有點慌了手腳，而教室後方的鴨子跟芒果早已笑到人仰馬翻，一直喊著「再一張！再一張！」

教室裡的氣氛越來越嗨，胖子臉上的汗珠也開始累積，教練這時應觀眾要求又伸出神的右手拿著「N次貼」遮住了發動機的N1（第一級渦輪）轉速表，也就意味著油門的控制失去了參考依據，一切只能憑感覺了。

到這裡先為大家總結一下，現在總共壞了三個儀表；一個是姿態儀，飛機姿態的參考只剩下轉彎傾斜儀；另一個是垂直速率表，高度變化的參考只剩下高度表，但高度表的變化比較不容易察覺；第三個是N1轉速表，收加油門速度變化只能憑經驗跟空速表的變化來做依據。

飛模擬機本來就沒有外界的參考，再加上只剩一半的儀表可以看，飛機一下子上升，一下子下降，顧得了高度，忘了航向，保持了航向，速度又不對了，一陣手忙腳亂之後，胖子好不容易穩住了平飛，轉過頭很驕傲地跟教練說「再來啊！有沒有更難的課目？」

教練冷冷地回了一句：「你有沒有注意剛剛開始飛的時候高度是多少？現在高度多少？」

「高度表上的指示兩千呎，啊！進入課目前不是四千呎嗎？我居然掉了兩千呎！」胖子大叫，不敢相信，剛剛的驕傲完全消失殆盡。

「再來一次喔！這次交互檢查儀表的速度要加快。」教練耳提面命一番，重新設定模擬機。

第一次飛不好可以歸咎於沒有心理準備，但再來一次就沒有飛不好的理由了，看著胖子專

用 N 次貼把儀表貼住來訓練飛行員更快速地判讀儀表的變化

注的眼神，加快了交互檢查儀表的速度，果然是好面子又不服輸，同時芒果也不停地跟鴨子在旁邊竊竊私語的討論，似乎也有了心得；第二次的練習果然有了很大的進步，而且達到了課程設定的標準，教練臉上也露出滿意的笑容，宣布下課。

「雖然在真飛機上不太可能遇到這麼極端的情況，但必要的練習可以讓你對儀表的掌握更為精確，下一次上課我們會再把課程的難度提升喔！」教練低頭一邊寫下上課記錄、一邊說道。

胖子白了教練一眼，心想：「大老遠到美國來花錢買罪受，還要更難是怎樣啊！」

經歷了兩個小時的「整人課程」，胖子疲累不堪，芒果問：「喂！中餐有沒有想到要吃什麼？」

「隨便！」胖子根本沒有思考的動力，滿腦子都是剛剛飛行時，儀表亂七八糟的畫面。

「如果你們沒有想法的話，那就吃……」鴨子不知道哪裡冒出來說道。

「PHO！」沒等鴨子說完，大家就異口同聲地說了相同的答案。每次到了用餐時間大伙兒猶豫不決的時候，最後都是去學校附近的一間越南河粉店，這次也不例外，老主顧了，進去也不用點菜，老闆娘都知道要送什麼上來，這也是「壓力症候群」患者用餐最好的去處。

收拾好書包離開學校時，胖子眼角餘光撇到一疊「N次貼」躺在教室的桌上，他順手就拿去垃圾桶丟掉，鴨子看到了，拍拍他的肩膀，說「你病的不輕啊……」

飛行資訊佈告欄
For Your Information

模擬機

模擬機簡單的說就是大型且比較精緻的電動玩具，它在飛行訓練中可說是扮演重要的角色，因為可以節省真實機的訓練成本、也能在虛擬環境中模擬各種緊急狀況而不會有危險，因不同的訓練目的採用不同等級的模擬機，基本儀器訓練只需要使用較低階且無視效系統的 FTD（Flight Training Device）就可以了，當進入航空公司就會使用到更高階的 FFS（Full Flight Simulator），那可是又會動又有高解析度螢幕的超逼真「整人箱」了，當然，要價也不斐啦。

第 240 天
儀器越野飛行課程
(IR Cross-Country)

佛雷斯諾（Fresno）→
蒙特雷（Monterey）

「媽呀！要遲到了！」其實，「莫非定律」經常會發生在學飛的過程中，像是考試就會抽中沒去過的機場，或是今天這麼重要的一天，偏偏鬧鐘就來個罷工！芒果昨天花了一整天做的飛行計畫，眼看就要因為鬧鐘沒響，即將全盤泡湯。畢竟再完美的飛行計畫，都要有飛機可飛啊！每個學生的飛機時間早就搶著登記了，芒果今天雖是第一個飛的學生，但飛機必須準時飛回交給下個學生，如果不能按照登記時間準時啟程出發，勢必無法在表定時間趕回交機，又想到等等教官可能數落自己的不是，或是要求更改今日的飛行目的地，芒果整個頭都要炸了！

如此焦急地想著，等到衝到學校，芒果卻發現此時原本應該空空蕩蕩的教室，擠滿了教官與學生，抽菸的、吃早餐的、聊天的、補眠的……最一致的行動就是無奈地看著天空，以及看向急急忙忙衝進教室的他。

「嗨！」芒果慌張地跟眾人打招呼後，才發現氣氛詭譎，他一頭霧水地煞住了匆忙的步伐，茫然地問：「怎麼了嗎？你們都不用飛喔？今天是無聊來學校找咖省錢吹冷氣的喔？」

一問之下才知道，由於今早天氣不好，沒達到目視飛行的標準，所以大多數人的課程皆無法進行，不但飛行計畫泡湯，課程也擱置不前，只能眼巴巴地在教室等著老天爺賞太陽臉，期待早一點撥雲見日。

「哈！那你們慢慢等，看來今天飛機就是我一個人的啦！」芒果得意地向大家揮別，在眾人欣羨的目光中走向飛機，進行起飛前的機外檢查。

「啊！他是沒聽到現在不能飛喔？還機外檢查咧?!」胖子困惑的問。

「他今天課程是儀器越野飛行啦！不管天氣狀況如何差勁，都嘛可以照常飛……幸運的芒

「我看不到跑道！你趕緊一起看！看到了嗎？看到跑道了嗎？有看到快說！」教官緊張地催促著，拿掉眼罩的芒果這才發現到了預報應該出雲的高度，窗外卻仍霧茫茫一片，眼見就要到重飛點，不但跑道沒看到，連陸地都沒見到啊！

「看到了嗎？再不出雲我看就沒機會落地，只能折返重飛……」教官再次催問。

「不會吧，那豈不是要轉降附近機場？」芒果擔憂地問。

兩人邊擔心、邊努力找尋跑道，眼看就快要到重飛點時，「喔耶！出雲了！」芒果興奮地大吼。

著名的蒙特雷海灣水族館

「來一個漂亮的落地吧！」教官臉上難掩興奮地說著，終於順利在最後一刻降落蒙特雷機場。

停好飛機後，芒果和教官迫不及待地衝向今日飛行計畫中另一個重頭戲——「蒙特雷海灣水族館（Monterey Bay Aquarium）鯊魚餵食秀」。一年四季人潮絡繹不絕的蒙特雷海灣水族館是加州著名景點，也曾是世界最大的水族館，其中最著名的特色是沿著海灣建蓋，而且館內全引用蒙特雷灣的優質海水。

根據美國國家旅遊局公布，每年約有一百八十萬左右遊客前來參觀，水族館中的動植物多達六百多個品種。二層樓高的水族館內分割成十幾個參觀區域，包括企鵝館、觸摸池、海獺館、海鳥館、水母區、熱帶魚館、章魚館……等，另有觀光客

蒙特雷街景，要吃海鮮、買紀念品都在這裡

一定不能錯過的每日定時表演——企鵝、海獺、鯊魚、沙丁魚餵食秀。

館內的海草森林水族箱（Kelp Forest）——高二十八呎，容量一百萬公升以上，更是全世界最高的海草森林水族箱之一，水族箱中是加州沿岸原生長達三十公尺以上的巨藻群，使得水族箱內魚種罕見地自然衍生出多樣性的野外物種。

難得的是蒙特雷海灣水族館並非以營利為目的，海洋動物保育和環境教育是水族館賦予自身的使命。返航前教官帶芒果去附近蒙特雷海灣漁人碼頭（Monterey Fishman Wharf）餐廳一邊欣賞港口日落、一邊大啖著生蠔、蛤蠣巧達濃湯和炸海鮮拼盤，而以上海鮮全是碼頭漁船當日捕回的新鮮漁獲呢！

第 260 天
凡事豫則立 不豫則廢

佛雷斯諾（Fresno）

儀器飛行的學習過程中，穿降程序(Approach procedure)的練習應該可以算的上是難度最高的一部分了，穿降程序是指「在無法看到外界的情況下，循著一連串的轉彎、下降、航道攔截之後，安全降落在跑道上的方法」。由於穿降的過程節奏都非常快，而且一個失誤都不容許發生，否則，就要重新再來一次，所以可想而知，不少帶飛教官的耐心與愛心在這裡也漸漸的消失。

鴨子現在也準備進入這個階段的課程了，一有空就喜歡抓著胖子跟芒果問東問西；這天午餐剛吃完，鴨子照往例一邊抱怨胖子的食量，一邊洗碗盤、清理餐桌，然後，就把一大堆儀器飛行的書籍和航圖搬出來放在桌上。

「快把祕笈交出來啦！」看著胖子慵懶地躺在沙發上玩ipad，鴨子不耐煩的說。

「我哪有祕笈啊?!」胖子扭過頭撇了鴨子一眼之後，嘆了口氣，索性收起ipad，不耐煩地走到餐桌旁，看著被埋在書堆裡的鴨子搖搖頭。

「我記得你之前有一堆密密麻麻的筆記啊，那不是你的祕笈喔？是兄弟就快交出來啦！」鴨子其實早就覬覦已久了。

「唉！那裡有祕笈這種東西啦？你看到的都是我在模擬穿降練習的『劇本』，原來會飛的鴨子也會為飛行煩惱喔？」胖子對一直以來號稱自己是「天生飛行動物」的鴨子吐槽絕對不會留情。

「劇本？不要ㄎㄠˋ……」，

「你還記得書裡面的儀器飛行計算公式嗎？」鴨子的話還沒說完，胖子已經用發問來堵住他的嘴巴了。

「當然知道啊！就是#@$%^^$#$^&**&^$#%^……」鴨子劈哩啪啦地說了一堆，讀書是鴨子的專長，這點真的不用懷疑。

沒等鴨子說完，胖子已經從自己的書包裡拿出了一疊筆記，丟在餐桌上。

「原來胖子也有認真的一面喔？還說沒祕笈！」鴨子邊翻著桌上的筆記、邊嘀咕著，拿起了其中一份看著胖子說：「真的需要這麼詳細的計算喔？」看著密密麻麻的計算公式及手繪穿降圖的筆記，鴨子的眉頭已經皺到頭頂上了。

「當然啊！儀器飛行就好像演一齣舞台劇，只要按照劇本演出，什麼時候該做什麼事，排練個幾次，真的上場也就不會慌張！在空中真實飛行的時候遇到的狀況千變萬化，從來就不會有兩次一模一樣的飛行經驗，所以臨場反應也很重要，頂風、尾風的改變對轉彎率、下降率都會有不小的影響，但我們在地面準備的時候沒辦法預測天上的狀況是如何，所以我就先利用各種公式推算出理想狀況下飛機每前進一哩的高度、速度變化，配合上轉彎所需要的提前量，把整個穿降過程在紙上模擬個三、四次，真的上飛機只需要利用地面所算出的數據做檢查跟修正就可以了。這個方法雖然笨，也很花時間，但是我覺得這就是基本功啊，馬步蹲好，練功自然就事半功倍了，老空軍的名言：『編隊飛行如穿衣，儀器飛可保命，叭喇叭喇……』」

胖子最厲害的就是說教，連續十分鐘不停地長篇大論，鴨子聽到後半段已經眼神恍惚，開始神遊，因為講來講去的結論就是「沒有祕笈」。

胖子年紀雖然還沒四十，但在三個人之中最年長，也最囉嗦，三不五時對著鴨子和芒果講人生大道理，每次三杯黃湯下肚就開始想當年……但朋友中有個「老頭」其實也有很多好處，吃飯有人請，出去玩有人看家，更重要的是，有時候他會提醒你，很多事要成功真的沒有捷徑、沒有祕笈，需要的是「寒窗苦讀」，還有埋頭苦幹。

鴨子雖然對自己的準備功夫很有自信，但關於準備儀器飛行這件事，他倒是還蠻願意向胖子討教的，因為在學校有一次曾經看過一位「脾氣不是太好」的教官，跟胖子飛完穿降練習之後，不但沒有絲毫發飆，還坐在教室裡跟胖子討論起飛行的技巧，看胖子講得讓老外教官頻頻點頭稱是，很多不懂的人走過去還真分不清楚誰是學生呢！

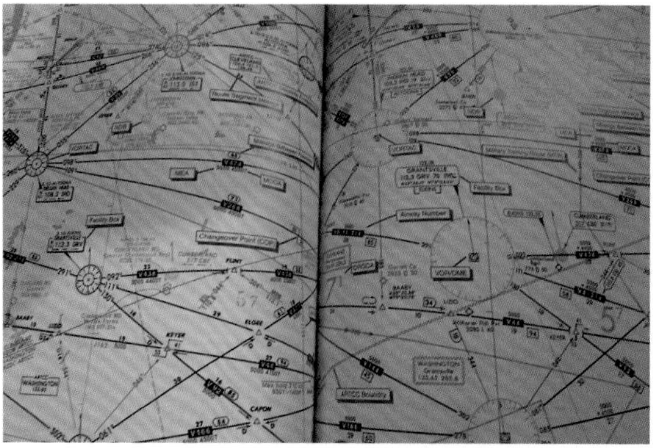

儀器飛行的航圖多了很多航路名稱跟導航設施

如果說「目視飛行」是把天空當畫布的藝術家，那「儀器飛行」就是運刀精準的外科醫生，你當然可以說飛行是很浪漫的事，但清楚而且理性的頭腦才是浪漫背後真正的元素，飛行員必須兼具理性又感性兩種性格，才能勝任各種天候條件下的飛行，而這個行業的迷人之處也就在這裡，所以，有天份的人雖然學飛行很快上手，但如果細膩度及準備功夫不夠，就很容易在「儀器飛行」這一階段卡關。

話說到此，突然想到……芒果呢？怎麼最近都沒看到人？打聽之後才有同學說他閉關念書已經好幾天了，哈哈！別看平日大家都不正經，原來遇到儀器飛行這個階段還是只能摸摸鼻子，拿起書本慢慢啃吧！

El Nido
Fairmead
CHAPMAN (Pvt)
Dairyland
MADERA (MAE)
TRIANGLE T
Firebaugh
N466MW
COURSE
ARROW
power station

第6篇

商用執照飛行課程

Commercial Pilot License

飛行訓練接近尾聲，但精采的故事還在繼續，隨著技術越來越熟練，也越來越能體會飛行的樂趣

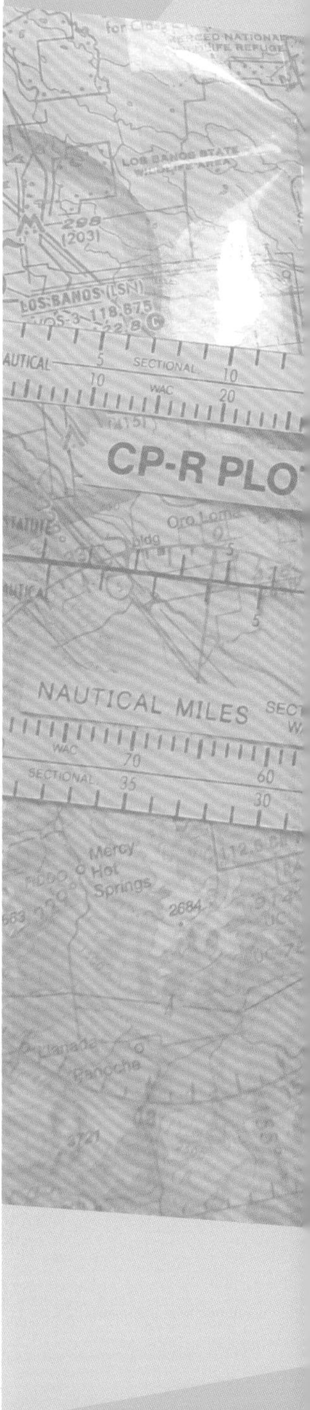

第 270 天
吃個早餐也可以迷路?!

佛雷斯諾（Fresno）→
奧本（Auburn）

如果問任何一個人，一大早起床吃早餐，可以接受多遠的早餐店？一公里？三公里？胖子說：「我明天要飛兩百七十公里去吃早餐……」

「你瘋了嗎？」看到胖子隔天一早的飛行計畫，鴨子跟芒果異口同聲說；一方面是早上六點起飛是他們兩個做不到的事，另一方面開飛機去吃早餐?!是有多好吃啊！實在無法理解胖子對美食的追求與執著。

在加州東北部的山區，除了優勝美地國家公園外，另一個風光明媚的地方便是太浩湖了，而胖子要去的奧本市機場（Auburn Municipal Airport）位於奧本（Auburn）是位於太浩湖西面大約一百公里的小鎮，之前跟教練去過一次，被那裡的美麗風景深深吸引，當然要放在越野單飛的目的地名單裡啦！在美國飛行最愉快的一件事情，就是可以把飛行當做生活的一部分，開飛機上班、開飛機去吃飯、開飛機出去玩，在這裡可一點都不稀奇。

一大清早六點不到，學校裡只有簽派員正在打理規劃今天一整天訓練行程，而胖子卻已經在教室裡看著氣象資料，打電話給管制單位報備今天的飛行計畫，準備開始今天的越野飛行。

「山區及目的地的天氣還不錯，除了每年這個季節都會發生的森林火災，可能會遮住一部分視線這點值得注意外，再來就是要小心救火的飛機穿梭於森林之間，眼睛要放亮，不要跟他們太接近。」胖子聽完管制單位的提醒，跟簽派員拿了機務本跟鑰匙之後就準備出發了。

起飛後，保持航向大約三百五十度再經過一點風修跟磁差修正，所以大約是三百四十度的方向，用無線電跟北加州航管單位連絡上，請求雷達監視的服務並提供沿路上其他航空器的資訊，再利用目視飛行航圖參考地標所標示的公路、水庫、城市的位置來確認位置及方向……看著左邊遠方平行的是99號公路，剛飛過了兩個水庫……這些都是基本的功夫，也是越野飛行最有趣的地方。

經過了一個多小時的飛行，窗外的景色變化的很慢，胖子也漸漸失去了警覺心，被窗外的美景深深吸引住的他突然回神一看，「咦！前面那個湖怎麼沒印象？記得之前跟教練來的時候，沒有經過這裡啊！」胖子趕緊把航圖拿出來仔細查看，心中閃過一絲不祥的念頭，「前面怎麼還有一座航圖上沒有的發電廠?!該不會是迷路了吧！」四處張望，找不到任何熟悉的地標，胖子確定自己糗了，居然迷路了。

胖子迷路中，趕緊拿出航圖來找地標

目視飛行時，迷路對初學者來說常會發生，尤其是剛開始單飛，對於航圖的判讀抓不到重點，但是在越野飛行課程中會學到如何應變，也就是如果遇到迷路，不要慌張，也不要像無頭蒼蠅一樣亂飛，按照下列兩個方式就可以順利找到回家的路：

一、利用至少兩個導航台的方位距離來標定自己的位置，類似三角定位法，但兩個導航台最好是不同方位，如果太接近，其實也容易誤判。

以為今天用不到的航圖被丟在儀表板上

二、跟航管單位要求給予一個概略的航向及目前位置，前提是你有申請雷達追蹤，否則，天空之大，飛機之多，航管員一時也很難立刻給你資訊。

胖子一邊呼叫航管請求提供資訊，另一方面調整了導航裝備，在管制員的引導下，好不容易重新確認了自己的位置，鬆了一口氣，心想下次還是偷偷地帶個 GPS 比較方便，否則，壓力所耗費的體能遠遠超過自己的想像……

胖子看到飛機的油箱空了大半，自己的肚子也開始咕嚕咕嚕地叫了，顯然起飛前吃的一顆蘋果並沒有辦法撐太久，趕緊落地吧！

到了機場附近，從無線電裡可以聽到好多飛機在附近，非常熱鬧，大家彼此在無線電裡報告自己的位置，協調落地的順序，這也是無塔台管制機場的特色之一，落地之後看到各式各樣的飛機停在機坪上，每一架都閃閃發亮，像是打了一層厚厚亮光蠟的跑車，相形之下，胖子飛的「小湯姆」（Tomahawk PA-38）實在很普通都不知道該停去哪裡了。

停好了飛機，時間是早上九點鐘，胖子走進在機場旁邊的 Wings Grill & Flight Line 美式餐廳，這可是在 TripAdvisor 網站上評價非常高的早餐店喔，餐廳裡外幾乎已經座無虛席，只剩靠門邊的兩人桌，只好趕快坐定，服務生俐落地遞上菜單……

胖子並不是一個愛嚐鮮的人，在臺灣吃飯總是點那些看過的，吃過的，或是菜名前面有加「讚」或是「皇冠」代表「人氣餐點」的項目，在美國依然秉持這個原則，所以黑咖啡加上雙蛋火腿腸拼盤，便是最佳且不會踩地雷的選擇。

其實，餐點好吃與否不是重點，不挑剔的胖子評論食物也不中肯，但這樣的用餐環境真的讓人羨慕，食物的風味可是會隨著環境、時空背景及一起用餐對象的不同，而有了很多不一樣的體會。

在這裡用完早餐，還可以逛一下餐廳旁邊非常迷你的小店，這絕對是喜愛飛行的人一定會造訪的地方，店裡販賣一些飛行相關的紀念品，還有實用的飛行工具，譬如計算尺、參考書……等等，雖然比不上大機場或是大城市裡的專賣店，但對於飛行迷來說，依然會是一個進去了可以待一個早上的地方。

第 275 天
洛杉磯外海的冒險：卡特琳娜島

佛雷斯諾（Fresno）→
卡特琳娜島（Catalina Island）→
聖塔莫尼卡（Santa Monica）

了。

「啊！啊！啊！啊！啊……！」芒果落地之後大聲慘叫，此時教官已經在旁邊笑到喘不過氣

「冷靜……你冷靜一下！飛機先交給我控制。」教官一邊安慰芒果、一邊控制飛機，笑聲卻是從頭到尾都沒停過。

「我們不是出發前就有討論過卡特琳娜機場的跑道特性嗎？你怎麼一落地還是整個人被嚇到了呢？」教官一邊控制將飛機滑出跑道、一邊問著。

「我……我有心理預期跑道大概的畫面，但是沒預期到在跑道頭的那團雲啊！教官你也知道，剛為了躲開那團雲，我先改變了飛機原本的下降姿態，再改成平飛越過雲之後再下降。結果，落地後跑道末端的畫面，讓我誤以為飛機飄遠了，當下覺得跑道不夠，要衝出跑道外了啊！那當下真的很恐怖很嚇人耶！感覺小命都要沒了！」芒果拍著胸脯，心有餘悸地解釋剛剛的狀況，心臟噗通噗通的聲音，顯示剛受到的精神驚嚇真的不小。

而芒果的「降落驚魂記」要從他第一次雙引擎飛機跨海飛行開始說起……他今天所選擇的機場——「卡特琳娜機場」位於美國加州海岸往西大概四十公里遠，如同存在於童話故事般的卡特琳娜島，而這個島是一座遠離塵囂、鮮少有國外遊客知道，以及幾乎沒有什麼空氣汙染的美麗小島，跟加州繁忙的洛杉磯隔海對望，可說是洛杉磯市一個規劃非常完整的渡假勝地，不但有豐富的水上活動：遊艇、香蕉船、帆船……等，還有島上最大城鎮阿瓦隆市市集，另外，島上的代步交通工具很特別，居然是以高爾夫球車為主，更奇特的是島上的海鳥並不怕人，可以近距離觀察欣賞，並用相機輕易地捕捉牠們的身影。

由於島上面積較少，為了節省所剩無幾的空間，卡特琳娜機場就建造在山上，南北向是山脈，東西向是懸崖，為了機場的排水，整條跑道不是建造在一個水平面上，而是帶有一點斜坡，如果站在機場跑道頭往跑道尾端看去，看到的不是預料中的陸地，而是一片湛藍的大海！光用想像的就很讓人心曠神怡！但這對初次降落此機場的飛行員卻是一大夢魘，這也是為什麼剛才芒果飛機降落在機場跑道的瞬間，以為飛機即將滑出跑道，所以緊張地大叫的原因。

因為，島上暖暖的海風徐徐吹來，溫暖附有水氣的空氣從海面順著山往機場的方向順勢吹過去，結果當地居民最愛的海風，在機場跑道頭形成了一團飛行員降落時最討厭看到的雲。

「咦？教官，機場跑道頭那邊有雲？」芒果在飛機即將進場的時候，發現了這個不尋常的現象，出聲求助尋求教官的意見，沒想到教官只顧拿著手中相機，東照照西拍拍的，完全漠視芒果發出的求救聲。芒果疑惑地往窗外張望，好奇教官到底在拍攝怎樣的美景？原來現在飛機正下方就是洛杉磯，正前方肉眼就能看見洛杉磯國際機場繁忙起落的大型客機；往海邊望去，北方是聖塔莫尼卡的海岸，在陽光照射下海岸邊反射著粼粼波光；南方則是著名觀光勝地長灘島。怪不得教官顧不得芒果，忙著用手中相機狂照！

「……教官？」

「嗯？」

「有雲耶！」

「嗯。」

「……你是沒有要幫我的意思嗎？」芒果問。

店家，說是購物大道一點也不為過喔！有大家耳熟能詳的Abercrombie & Fitch、Superdry、A|X、Victoria's Secret、Clarks、adidas、LUSH、H&M、CAMPER、MICHAEL KORS、LOUIS VUITTON、PANDORA、TIFFANY & Co.、BOSCH、GNC……等。

芒果跟教官一路逛一路買，一路買一路逛，中間還有不少咖啡廳可以進去買杯咖啡，喝杯沁涼的冰水，第三街走到底是諾德斯特龍百貨（Nordstrom Santa Monica），另一個繼續血拚的好所在！

傍晚的聖塔莫尼卡海灘，人潮依舊，不論是戲水的、購物的，大家全聚集到碼頭準備大快朵頤一番，這裡還有因電影《阿甘正傳》走紅的布巴甘蝦餐廳（Bubba Gump Shrimp Company），碼頭的棧道兩旁也有許多店家，十分推薦The Albright的新鮮甜美生蠔、龍蝦沙拉堡和螃蟹沙拉堡！碼頭邊也有小型的兒童樂園，可以讓不敢下水的小朋友們也有難忘美好的回憶！

大肆購物後，芒果一臉滿足地和教官飛回本場，結束了有驚無險的第一次雙引擎越野飛行。

第 280 天
雙引擎越野飛行（上）

佛雷斯諾（Fresno）→
半月灣（Half Moon Bay）→
金門大橋（Golden Gate Bridge）

胖子：「啊！不就告訴你，我一百九十磅（八十六公斤）！」（眼神閃爍）

鴨子：「我不相信你！」

半推半就之下，胖子還是站上了體重機。

鴨子：「靠！你明明就兩百磅了！再吃嘛你！機車耶，這樣我平衡表會做錯啦！」

胖子聽到平衡表會出錯，也跟著緊張了一下：「那……現在這樣會超重嗎？」

鴨子：「喔，當然不會啊，即使用兩百磅算你的重量，都還有將近六十磅的餘裕嘞，而且重心也剛好在很漂亮的位置上！」

胖子（不悅）：「那幹嘛一定要我量體重？」

鴨子（賤笑）：「為了拍照，然後貼在臉書上來羞辱你啊！」

語畢，鴨子馬上奪門而出，往飛機方向逃竄，留下胖子一人在體重機旁邊碎念。

依據規定，責任飛行員（PIC，Pilot In Comment）要負責對乘客做安全簡報。胖子為了報剛剛的一箭之仇，鴨子做安全及緊急狀況提示時，一直在當一名「奧客」，不停質疑跟刁難鴨子。

直到鴨子的教官說：「好吧，看來有一位乘客對安全有很大的疑慮，還是請他下飛機好了！」

胖子聽到教官都說話了，連忙打哈哈：「唉唷，幹嘛這樣啦！我只是希望我們的鴨子更優秀啊！我沒問題了啦，發動引擎走吧！」（俗辣！）

依照程序，鴨子分別啟動了右引擎及左引擎，準備滑出停機坪。但鴨子加了油門，飛機卻聞風不動。

「咦？這是怎麼回事啊？我手煞車鬆了啊！為什麼飛機都不動？」鴨子有點不解。

此時，教官幫鴨子解惑說道：「你要記得我們今天有兩個乘客啊！尤其其中一個還是胖子！」

聽到教官這麼說，鴨子恍然大悟：「原來要用比平常更多的動力，飛機才會動啊！」好不容易，飛機動了起來，鴨子跟教官一起回頭看了胖子一眼，胖子則把臉轉到一邊，用中指回應著。

雙引擎的塞米諾號，性能比小湯姆好太多了！從起飛開始（全馬力），轉到了爬升馬力，依然能保持一千五百呎／分鐘以上的爬升率，一直到預定高度七千五百呎。平飛巡航時，鴨子拿出飛行計畫表，看看地面速度，果然如手冊上的性能計算，達到了一百四十浬／小時啊！順利的話，大概一個小時又十五分左右就可以降落在半月灣了。

雙發動機的賽米諾號的性能比小湯姆強大許多

第 280 天
雙引擎越野飛行（下）

聖塔羅莎（Santa Rosa）

越過了金門大橋，再飛四十浬就可以抵達此行的目的地：聖塔羅莎（Santa Rosa）了。

「舊金山B級空域這邊的雷達覆蓋率非常高，鴨子你要嚴格依照飛行計畫跟航管許可的高度飛行啊！」爬升過程中，教官不斷地對鴨子碎碎念。

「知道啦！在哪裡我都完全照規定飛好不好！」鴨子翻了個白眼，心想這個教官什麼都好，就是碎碎念這點讓人有點受不了。

經過三十分鐘左右的飛行，兩條呈「V」型排列的跑道映入眼簾，聖塔羅莎到了！說時遲那時快，忽然左邊的引擎就這麼熄火了！原來教官想讓鴨子練習一下單發動機程序，一早就打定主意在看到機場後就關掉鴨子的一具引擎。

鴨子瞬間反應過來，做完了所有記憶程序（Memory Item）後，轉過頭去對教官大叫：「一開始沒說好要這樣啊！」

教官不置可否，聳了聳肩膀，輕描淡寫地說：「飛行本來就是可能在任何階段發生任何狀況啊……」鴨子有點悶，但好像也無法反駁什麼。

飛機落地後，鴨子迅速地停好飛機，請地勤依照規劃加油，接著大家就馬上衝去櫃檯辦理借車手續，一秒鐘都不浪費。這次的重點是史努比博物館，其實，一進到機場的服務中心就可以感覺到濃濃的史努比故鄉氛圍。

舉世聞名的小狗「史努比」就是在聖塔羅莎問世的，因為史努比的作者查爾斯・舒茲（Charles Monroe Schulz）的工作室就位於此地。而大家一直說的「史努比博物館」，其實全名是「查爾斯・舒茲博物館暨研究中心（Charles M. Schulz Museum and Research Center）」。

著名的史努比博物館

因為舒茲先生的關係，整個聖塔羅莎都把史努比當成這個城市的代表，除了市中心隨處可見各式各樣的史努比模型外，連機場的服務中心都充滿著史努比的影子。

來到博物館，史努比的主人：查理布朗（Charlie Brown）的模型就站在門口迎接每一位遊客，而模型的額頭上還畫有博物館的外觀圖，極具象徵意義。有很多人說查理布朗的原型就是作者查爾斯・舒茲。

「鴨子，這是你耶！」芒果指著糊塗踏客（Woodstock）對鴨子說。

鴨子則是一臉不屑地糾正芒果：「拜託，你有沒有童年啊？糊塗踏客是一隻『鳥』好嗎？而他講的話只有史努比聽得懂！」

芒果則回答：「喔，我說的就是

『沒人聽得懂他說什麼』這一點啊！你有疑問嗎？」被身為學長的芒果嗆，鴨子只能摸摸鼻子，默默飄開，繼續逛著博物館。

史努比最早是在一九五〇年代的「Peanuts」這部漫畫，史努比是個生活在自己世界、整天愛幻想的小獵犬，可以在漫畫、動畫中看到他扮演許多不同角色，最常看到的就是坐在紅色的屋頂上，頭帶飛行眼罩，幻想自己是作戰中的戰鬥機飛行員。由於，胖子曾經駕駛過戰鬥機，對史努比的這段歷史特別感興趣，尤其看到史努比戴著古早時期的飛行帽、飛行風鏡，坐在狗屋屋頂上的樣子，幾乎讓這位熟透的男人融化了。

「欸，你們看，這隻史努比超帥的耶！他在開飛機耶！」胖子興奮地叫芒果過去看。

而芒果看到後，只默默說了一句：「如果你想要模仿他的話，記得找一間比較堅固的房子，三隻小豬的故事有聽過吼？」

這時，鴨子也興奮地跑過來說：「欸，跟我來，我剛剛發現一個超屌的東西！」胖子跟芒果有些好奇，跟著鴨子走，結果到了廁所！

「你們看，廁所門牌上的男生標誌，穿得是查理布朗的T恤耶！而且……」鴨子一邊說、一邊打開廁所門：「就連廁所裡面都充滿著史努比的漫畫耶！」

廁所裡面的磁磚上，印著一篇又一篇的史努比四格漫畫，整間廁所也都充滿著史努比的氛圍。

「為什麼才剛來，你就發現廁所裡面有這些？」胖子有點不解地問。

「我……剛剛來上廁所呀！」鴨子不是很想回答。

3,600 多幅史努比畫作拼成的露西與查理布朗

「你上飛機前又吃了什麼？你真的是到哪裡都在大便耶！」芒果翻了個白眼。

博物館走到底，會看到一面很大的牆，上面用數碼畫的方式呈現史努比裡的經典畫面：露西（Lucy Van Pelt）拿著美式足球要查理布朗來踢，而當查理布朗衝過去要踢球的時候，露西就把球拿起來，查理布朗一下子來不及剎車，立即「仆街」！

但走近了看，才發現這個所謂「數碼畫風」的牆，其實是用三千六百多幅不同的史努比四格漫畫拼貼而成。

逛完博物館，就可以來到隔壁的史努比冰宮（Snoopy's Home Ice: Redwood Empire Ice Arena）。由於，作者查爾斯・舒茲十分熱愛冰上曲棍球，所以協助出資保留了這個溜冰場。裡面有一間咖啡廳，賣著簡單的美式餐點，咖啡廳的名字是「The Warm Puppy Cafe」，摘自查爾斯・舒茲漫畫中的名句：「Happiness is a warm puppy！」

接下來就是一個比較恐怖的地方：史努比禮品店（Snoopy's Gallery & Gift Shop）！這裡面除了賣紀念品，也有許多難得一見的史努比收藏品。鴨子來到這家禮品店完全失去理智，看到什麼都想買，這種失控的精神狀態連帶感染了芒果跟胖子，最後也跟鴨子一樣，一人「牽」了一隻飛行員史努比回家。

回到機場，地勤人員開了一台小拖車幫鴨子他們把飛機拖過來。兩千五百磅重的雙引擎飛機果然不一樣，以前單引擎飛機都是自己用手拖，雙引擎就升級到有拖車幫忙拖了！當然付的油錢也不是單引擎飛機可以比擬的，隨便都幾百塊美金起跳，尤其還載著胖子。

教官在電腦上看著回程天氣時，對鴨子說：「我們如果就這樣回佛雷斯諾，雙引擎時數可能會不夠。」於是，教官就在航圖上多找一個機場讓鴨子可以補足時數。好死不死，教官找的機場就是傳說中的沙加緬度行政機場！

史努比陪伴了許多人的童年

「鴨子，這次你可要撐住啊！你再隨地大小便的話，我們一定會拍照打卡上傳外加標記你的名字！」胖子被鴨子炮了一整天，見此良機，當然逮住機會落井下石。

又飛了一個三角航線，從沙加緬度回佛雷斯諾的路上，教官也讓鴨子練習了幾個考試科目，最後回到佛雷斯諾已經將近晚上七點了。

關掉引擎後，教官對鴨子說：「所有法定科目都飛完了，明、後天我們複習複習，就可以送你去考最後一張執照了！」

鴨子有點不敢置信，這一切感覺好像來得有點太快，正當鴨子還處於一個五味雜陳的心情時，胖子跟芒果相繼發話了！

胖子：「鴨子，你還早嘞！我是考試的第一順位好嗎！你慢慢排隊啦！」

芒果：「你一定是排在我後面的啊！我昨天就在辦考試的手續了。」

這時，三人好像也意識到在美國的飛行課程接近尾聲，準備回臺灣去面臨下一個挑戰，所以整個氣氛也不同往常那樣嘻鬧了。

鴨子沉默了一下後，說：「也是啦！走吧，吃晚飯吧！今天胖子跟芒果你們要請客！」

而胖子跟芒果居然二話不說，直接答應。

晚餐時，鴨子舉起茶杯說：「敬我們的畢業旅行，敬史努比！」

第 290 天
終極關卡：哈里斯牧場
吃道地乾式熟成牛排

佛雷斯諾（Fresno）→
哈里斯牧場（Harris Ranch）

在飛行訓練過程中，有些機場這輩子一定要自己成功降落一次，這是「成就解鎖！」在加州的三百多個大大小小機場中，有些機場因為其特殊性或唯一性，所以被列在「成就解鎖」排行榜上，芒果、鴨子、胖子這次與朋友們計畫飛去的機場：哈里斯牧場機場（Harris Ranch Airport）就是其中之一。

提到哈里斯牧場，有待過美國的人對於它的印象應該只有一個，就是「特大盎司乾式熟成牛排」！說到這，就要介紹一下哈里斯牧場，它是美國加州知名的家族農業畜牧業，此家族已有一百多年歷史，最引以為豪的即是以天然穀物及自然人道方式飼養而成的牛。它是最近四十年來美國西岸最大的牛肉供應商，不但知名漢堡連鎖店 In-N-Out 的牛肉來自哈里斯牧場，連以頂級牛排著稱的臺北國賓飯店 A Cut 牛排館也曾於二〇一〇年引進哈里斯牧場的自然牛。

哈里斯牧場機場就在哈里斯牧場餐廳走路不到五分鐘的距離。這個機場只有一條跑道、跑道寬度只有三十呎（三十呎有多寬呢？就大約是五個成年人手拉手的距離而已，連臺北市忠孝東

牛排館就在機場旁邊，一點都不難找

跑道真的很短很窄

路單向車道的寬距，都比哈里斯牧場機場跑道還來的寬，夠窄吧！）、長度只有二八二〇呎（大約是九百公尺，夠短吧！）、沒有滑行道（代表著飛機舉凡起飛、落地、滑行都必須在這條跑道上完成）。

飛行員在這條跑道上落地，沒有什麼容許錯誤發生的空間，如果沒有對準跑道的中心線，飛機落地時可能就會出跑道，如果落地時離跑道頭太遠，飛機可能就會因為來不及剎車而衝出跑道。說到這，想必大家都明白哈里斯牧場機場榜上有名的原因就是「夠短！夠窄！」。

風和日麗的假日，教官們都放假去了，難得不用上課，芒果、鴨子、胖子與朋友們本來想開車四處晃晃，後來想想學校飛機擺著也是擺著，不如就租來當外出遊玩的「交通車」吧！決定好交通工具後，接著就是遊玩地點跟午餐的計畫啦！

一群人七嘴八舌討論了一陣子，芒果這時突然提議，既然要用飛的，不如大家挑戰一下自己，飛去哈里斯牧場機場「成就解鎖」，順利達成目標之後還能順道吃哈里斯牧場餐廳的牛排犒賞一下自己。

其實，飛行員之間也是愛比較的，聽到有挑戰性的機場，都迫不及待地躍躍欲試，加上佛雷斯諾周邊就像沙漠，追求美食也是飛行員在當地受訓的娛樂之一。當下，芒果、鴨子、胖子跟一群人立刻以最快的速度衝去學校：租飛機、加油、做飛行計畫、三架飛機熱血出發！

哈里斯牧場機場與佛雷斯諾約相距四十浬，其實不算太遠，像芒果他們有飛行執照PPL（Private Pilot License）的飛行員，在空中都以最短距離直線飛往目的地，省油、省錢、省時間。所以，在佛雷斯諾機場29L跑道起飛後，左轉航向二一〇，保持往西南方向飛行三十分鐘，就可以抵達哈里斯牧場機場，去享受美味牛排了！

但是，真有這麼簡單嗎？如果只要保持航向二一〇就能順利落地，也不會是個需要努力達成的「成就」了！

飛機起飛之後，一路上看出去的風景除了剛起飛時的佛雷斯諾城市，接下來都是綠油油的農田棋盤，基本上沒有什麼顯著地標，可以輔佐飛行員來判斷自己是否還保持在正確的航向上。途中唯一能參考的地標是一個美國海軍軍機場，僅能依照經驗看自己與軍機場的相對位置跟距離，來判別是不是還保持在計畫的航路上。如果你的天氣預報沒有做足功課，飛行計畫中誤判了飛行高度的風向風速，飛機可能會偏離原始航向，就有可能無意間闖入軍機場的空域，或是在一大片的農田上空迷了路。

起飛後的二十分鐘，芒果如預期地找到了那條又短又窄的跑道，並在十分鐘後準時平安降落。胖子中途耍帥，帶著同機友人在空中轉了兩、三個圈，才繼續飛往目的地，約晚五分鐘後，也順利降落。

大家鎖好飛機後，在跑道末端餓著肚子等待第三架鴨子駕駛的飛機。肚子的咕嚕聲大約持續了十分鐘後，芒果和胖子在跑道頭三哩左右的距離看到了鴨子的飛機正在轉彎對準跑道。

但是，鴨子對準的角度怎麼好像有點歪？後來發現，他對準的並不是跑道，而是跑道旁邊的I5高速公路！這時芒果跟胖子有點開始緊張了，深怕鴨子真的去跟高速公路上的汽車爭道。幸好鴨子在最後降落前的五百呎發現他要落的跑道，竟然有汽車在上面開來開去！這才驚恐地發現他對錯跑道了！緊張的東張西望後，鴨子終於看到了那條位在I5高速公路右邊「超迷你的」哈里斯牧場機場跑道，雖然落的有點醜，落地時輪胎還差點到跑道外面，但總算還是任務達成，平安落地。所有飛機都停好之後，芒果和胖子一行人一邊笑鴨子對錯跑道跟落地落的不漂亮、一邊走向不遠處的哈里斯牧場餐廳，準備享用美味的牛排大餐。

找餐廳的方法其實很簡單，只要靠著鼻子追著那牛肉的香氣一路走就會到了！餐廳的一大特色就是在門口擺著一大塊牛肉，用炭火火烤的方式烤乾牛肉的外層部分，把整個牛肉的肉汁鎖在肉塊裡頭！炭火伴隨著牛肉香，就這樣擺在餐廳大門外頭，任誰都會想要進去飽足一頓！

餐廳裡頭分成三個部分，一進去是賣禮品跟肉品的商店，再來是餐廳酒吧，最裡面就是芒果一行人今天要去大快朵頤的牛排餐廳。餐廳的裝潢是很典型的美式風格，黃色的採光加玻璃窗，牆上掛著餐廳跟機場的歷年重大事件、改裝、跟過往人們在此留念的紀念照片。

芒果、胖子跟鴨子各點了三種不同部位的牛排，可笑的是其實沒有人真的懂牛排的部位跟口感的差異，都是亂點一通，但沒關係，因為對於放進口中的牛肉只需要在臉上做出「真是太好吃啦！」的最原始反應。

牛排上桌，口水也快滴下來了

菜單不複雜，點什麼都好，就是別忘了叫一份牛排

美中不足的是，因為需要開飛機返回學校，所以不能配個餐廳的紅酒點綴，讓大家有那麼一點遺憾。

飽餐一頓之後，大家還特地在這裡打卡照相留作紀念，如此一來，才能跟學校其他的同學臭屁說：「我挑戰過哈里斯牧場機場，而且，肚子裡還帶了一塊32盎司的牛排凱旋回家！」

回程的路上，繁星點點，想到回臺灣的日子就在眼前，對於這段時間在美國發生的一切，還真有些不真實感的錯覺。

第 298 天
最後的獨自飛行

佛雷斯諾（Fresno）→
艾爾蒙地（El Monte）

「靠，你不會先翻翻小湯姆的手冊嗎？這樣的氣溫是爬得上去的啦！」胖子聽到鴨子提出的問題，馬上提出手冊上的性能圖表，甚至說他兩週前也曾經開小湯姆爬到那麼高過。

「連九十公斤的胖子帶滿油都可以爬上去，我絕對沒問題啦！」鴨子大受鼓舞，馬上打開電腦開始做飛行計畫。而且，他心想都到了洛杉磯，是不是除了買補給品，也要順便吃吃燒餅油條跟熱炒再回來呢？（誤）

「嗯！既然都要去了，那也幫我帶一箱茶X王回來，然後還有台啤、燒餅夾蛋、蟹殼黃跟滷味唷！」胖子看到鴨子已經著手在做飛行計畫了，隨即悠哉地一邊開出採購清單，一邊打開冰箱，又拿了一瓶茶X王……

最後一場可以享受獨自翺翔天際的機會，鴨子自然會好好把握。為了因應中加州熱到爆的夏天，鴨子的飛行包中多了兩瓶礦泉水，當然還有那碩果僅存的一瓶茶X王。如同之前五十幾個小時一般，跟航管申請許可，高度申請在南向的一萬零五百呎，鴨子駕輕就熟地發動引擎、滑行，在跑道前稍微等了一會，就順利起飛了。

由於，小湯姆只是為了飛行訓練而設計出來的雙座小飛機，所以搭載的引擎馬力並不強勁，更沒有所謂高性能螺旋槳飛機配備的「渦輪增壓器」或「機械增壓器」。鴨子在起飛過程中，一直維持著六十浬的Vx（最大爬升速度）。佛雷斯諾海拔只有三百三十七呎，幾乎等同於海平面，氣壓也達到了30.03mmHg，所以起飛時小湯姆的爬升率都維持在一千兩百呎／分鐘。隨著高度慢慢增加，小湯姆就顯得有點吃力了。通過三千呎後，爬升率開始慢慢往下降，而到了七千呎之後，爬升率更是只剩五百呎／分鐘了。

鴨子心想：「靠北，再這樣玩下去，拎北不會直接高空失速吧？」但回頭又一想，這麼高的高度，就算失速也一定解得出來啊！慢慢的，飛機已經通過一萬呎了，到達預定高度一萬零五百呎、飛機改平之後，空速表只顯示出六十五浬／小時了。

「吼，這個性能也太差了吧！不過天氣報告說這個高度應該是順風，來看看地面速度多少好了。」鴨子用無線電問航管，自己在雷達螢幕上顯示的速度有多快。由於這個時間、這個高度的飛機並不多，航管人員馬上回答鴨子：「一一〇浬！」

「喔？這麼快啊！」在謝完航管人員以後，鴨子馬上拿出航空計算尺出來計算預計到達時間。由於做飛行計畫時都會取比較保守的數值，所以目前的實際速度比預定速度快很多，大概可以提前二十分鐘抵達艾爾蒙地（El Monte）。這時的鴨子倒是擔心起另一件事……

由於，鴨子交遊廣闊、人見人愛（呸！），出發前一天已經跟在洛杉磯的朋友C先生約好到艾爾蒙地的機場接他，還要負責帶他去吃燒餅油條、採買物資以及到熱炒店吃晚餐，如果提前到的話，會不會在機場等太久呢？偏偏現在又在空中，沒辦法打電話，鴨子後來覺得想這些也沒用……

「算了，早到總比晚到好，就讓我乘著這樣的大順風到洛杉磯吧！」經過大約兩個多小時的飛行，順利降落在艾爾蒙地。

鴨子心想：「開飛機真好，平時開車來洛杉磯，需要將近四小時的車程啊！」

非常幸運的，鴨子的朋友C先生有提早到的習慣，所以完全沒有多等，就直接上車開始「懷念臺灣之旅」。（謎之音：變胖之旅才對！）

鴨子的飛機降落在洛杉磯的艾爾蒙地機場

一開始先到了當時加州唯一可以吃到燒餅油條的地方，是位於聖蓋博（San Gabriel）的四海豆漿。

看到鴨子點了鹹豆漿、蛋餅、燒餅油條、刈包（割包），C先生不禁感嘆：「你在佛雷斯諾是餓多久了啊？那邊有那麼慘嗎？」

鴨子淚眼汪汪的說：「你不懂……那真是一個不毛之地啊！」當然，離開四海豆漿之前，鴨子還是幫芒果跟胖子打包了飯糰、燒餅油條以及很多滷菜，結帳時，鴨子也是含著淚，買下這些天價的餐點，畢竟這些東西都是飄洋過海在美國做的。

接著就是到超市採買，不巧的是，沒有整箱的茶X王可以買！鴨子只好把貨架上的全部掃空，加上死胖子要的台啤，加起來又是滿滿一車。這時，鴨子像是想起了什麼，開始拿出手機按來按去。

C先生：「啊！結帳的時候，不就知道要多少錢了，幹嘛現在算？」

鴨子：「我不是算價錢，我是在算重量。我們飛機後面置物的地方限重兩百磅，我在看這些東西的重量有多少，是不是要放一些到右座上面啦！」

C先生用不屑的語氣，笑著說：「你們佛雷斯諾來的真的很誇張耶！買個東西還要用飛機載，講出去真是笑死人！」

「那種懷念家鄉食物跟飲料的心情，住洛杉磯地區的人才不會懂呢！」鴨子回說。

採買完畢後，雖然鴨子不是很餓，但還是堅持要去熱炒店。洛杉磯地區最出名的熱炒店叫做「印地安啤酒屋」，所有的菜色都是很道地的臺灣熱炒。另一個重點：女服務生都是年輕、漂亮、身材姣好的華人女生，而且制服是細肩帶＋超短裙，堪稱「熱炒界的貓頭鷹餐廳

不論什麼性質的飛行，載重平衡是非常重要的程序

（Hooters）」！但鴨子這樣的正人君子（謎之音：咳咳咳……），僅僅只是為了懷念家鄉味，絕對沒有在那邊跟女服務生聊天、合照之類的事啊！（謎之音：誰信呢？）

「喝酒不駕機，駕機不喝酒。」雖然去了熱炒店，但鴨子當然也只喝了可樂。C先生最後幫鴨子一起扛著在四海豆漿、超市採買的食物飲料上飛機，再度恥笑鴨子一番後才離去。

而鴨子為了補足所有獨自飛行的時數，並沒有完全按照去程的路線原路返回佛雷斯諾，而是多在貝克斯菲爾德（Bakersfield）、巴索羅布列斯（Paso Robles）跟維賽利亞（Visalia）飛個三角形航線，才回佛雷斯諾。回到學校停機坪關掉引擎時，不多不少正好是鴨子所需補足的飛行時數，而在美國的獨自飛行，也在此全部結束。

鴨子回想起這寶貴的六十小時，除了在沙加緬度發生的「施肥悲劇」外，最悽慘的應該就是現在了，因為，鴨子要獨自一人，從停機坪上扛著所有採買的物資到車上，回宿舍去餵豬（胖子）……

第 XXX 天
番外篇 美國海軍艦隊週

美國海軍「藍天使」特技飛行表演秀

艦隊分列式開始了

胖子一秒就回嗆：「你好意思跟我談羞恥心？我只是隨地小便，不知道誰在機場塔台下隨地大便喔！」

「可惡！我就知道這件事會變成我這一生的笑柄！」鴨子擺出一張囧臉，默默地把車子靠邊停下，讓胖子下車「灌溉植物」。但是，胖子不知道在後座低頭滑手機的芒果，同一時間也將手機對準了灌溉現場，最後胖子為了買回灌溉照片，只好請他們吃晚餐。

第二天早上七點，三人來到BART（灣區捷運系統）的海沃德（Hayward）站，目的地是靠近舊金山漁人碼頭的蒙哥馬利街（Montgomery St.）站。

鴨子當地的朋友再三交代一定要在海沃德就買好來回票，不然回程時，排隊買票會讓他們排到吐血。經過四十五分鐘，三人已身處舊金山市區的蒙哥馬利街了，跟著Google Map很快就來到漁人碼頭，但同時也發現另一件十分傻眼的事。

「飛行表演的中心在哪裡啊？總不會整個海邊都是他們的表演區域吧？」芒果問著主辦人鴨子，鴨子卻面露難色：「呵！據稱是在第39號碼頭（Pier 39）啦……呵呵呵……」

胖子此時抬頭一看，忍不住大罵髒話：「哇咧！前面才是3號碼頭（Pier 3）耶！」

鴨子覺得有點無辜，只能尷尬地說：「哈哈哈，舊金山市區我沒那麼熟咩！39號跟3號不就差個『9』而已嗎？哈哈哈！」但鴨子看到芒果跟胖子一副怒目相視的樣子，也不敢繼續耍白目說冷笑話，就在這時，美國海軍艦隊救了鴨子一命。

「你們看！艦隊分列式開始了耶！」鴨子企圖用徐徐駛來的一整列軍艦，來分散胖子跟芒果的注意力。而「艦隊分列式」由數艘電影「超級戰艦」（Battleship）中的主角——亞里勃克級驅逐艦（Arleigh Burke class destroyer，俗稱「神盾艦」）打頭陣，搭配美國海岸防衛隊（United States Coast Guard）的巡防艦艇緩緩穿越金門大橋（Golden Gate Bridge）及灣區大橋（Bay Bridge），這樣的場面是在臺灣不曾見過的！

看完軍艦分列式，芒果跟胖子又再度開始瞪著鴨子，畢竟從3號碼頭到39號碼頭絕對不是只差一個「9」，如果走過去花太多時間，而錯過「藍天使」的飛行表演，該怎麼辦呢？身為康樂股長的鴨子，怎麼會被這點難題給打敗呢？說時遲那時快，鴨子看到了漁人碼頭特有的人力三輪車……

三人坐上三輪車，看車夫挺吃力地踩著

鴨子馬上攔下其中一輛，詢問到39號碼頭要多少錢？那位年輕的騎士很爽快地回答鴨子：「二十塊！」鴨子跟胖子與芒果商量後，決定搭三輪車去39號碼頭。但這位年輕騎士看到九十公斤的胖子時，眼神忽然呆滯了一下……抵達39號碼頭後，鴨子見到年輕騎士氣喘吁吁，實在於心不忍，除了二十塊的車資外，另外又加了十塊小費給他……

來到39號碼頭，離飛行表演還有一點點時間，三人就在附近的路邊攤隨便買了熱狗跟汽水吃喝一下，芒果還很貼心地先幫鴨子找好廁所，鴨子已經無數次感受到「一失足成千古恨」這句話的涵義……接著就在碼頭周邊先看看有什麼好玩的東西。而在39號碼頭這個「艦隊週」精華地段，美國海軍陸戰隊的攤位自然最受青睞，海軍陸戰隊在攤位進行徵兵以及與民同樂的活動，現場並設置了一個單槓，只要能做引體向上十次，就可以帶走陸戰隊官方製作的紀念品一份！

海軍陸戰隊的園遊會招募攤位

而說到「引體向上」當然是要拱念過軍校的胖子上場囉，但不出鴨子及芒果所料，胖子這時變成了靈活的胖子，不停閃躲這個挑戰……也對，一個九十幾公斤的中年男子，可能連一次都做不了吧！

閒逛了一會，忽然聽到天上有噴射引擎的聲音，抬頭一看，是造型獨特的美國空軍B-2隱形轟炸機飛到碼頭上空，為整個飛行表演拉開序幕！B-2的獨特造型及特殊塗料，可讓這麼大一架飛機在雷達螢幕上的訊號就跟一隻鳥一樣大，可說是科技的精華！接著出場的是美國海軍陸戰隊的AV-8B垂直起降噴射戰鬥機，（阿諾在《真實謊言》電影中開的那架）這款飛機是當年幫助英國在福克蘭群島之戰中取得勝利的關鍵。緊接著，海軍陸戰隊的V-22垂直起降定翼螺旋槳運輸機出場，其實，這架運輸機如同一般螺旋槳飛機，差別是它的螺旋槳可以變換方向，當螺旋槳往上時，就變成直升機，可以垂直起降，這款飛機是現在美國實施特戰的重要交通工具。

看完開場，藉著胖子的面積及噸位，三人開始向海灣擠了進去。搶占好位置後，美國空軍最新一代主力戰機F-22伴隨著噴射引擎的咆嘯聲出現在藍天之中。F-22除了是《變形金剛》電影中狂派的天王星之外，也是美國集廿一世紀最先進科技之大成所打造的戰鬥機。引擎可以自由改變噴射方向，超音速巡航，（其他戰機多半只能短時間超音速，而F-22只要油夠燒，可以一直維持超音速）所有武器系統都藏在機腹內，本身可以達到跟B-2一樣在雷達上隱形的效果。由於美國是很注重傳統及傳承的國家，故在飛行表演中，特意安排了二戰後期的主力戰機：P-51野馬式戰鬥機、二十世紀的主力戰機F-16戰隼戰鬥機及F-22一起編隊飛行，世代傳承的意義十分明顯。

就在全碼頭的人都仰望天空，期待下一批飛機的到來時，卻來了一群很特別的訪客。五架從附近機場起飛的小型噴射機，以整齊劃一的隊形，在這次飛行表演空域之上的高空噴出廣告

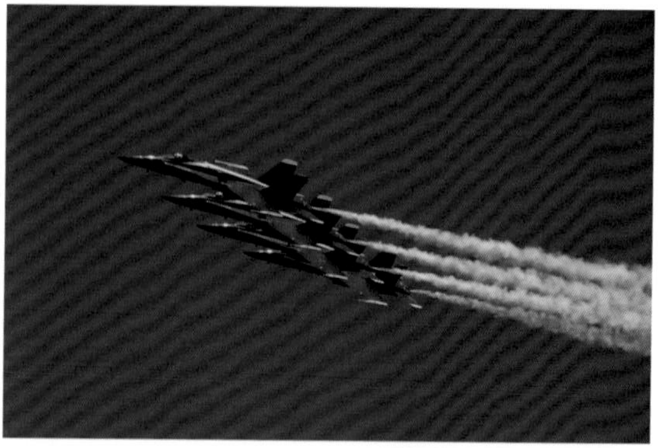

名聞遐邇的藍天使特技小組

主想打的廣告！這個廣告服務除了需要飛行員之間的默契及技術，還包括事前文字噴煙的規劃，高空風向的研判等，這在臺灣絕對是看不到的（因為中文字更難噴）！

就在高空廣告打一半的時候，另一個打廣告的主角出現在低空：美國聯合航空（United Airline）派出自家的波音七四七・四〇〇型客機，在低空飛過，並盤旋許久。當然這並不是航空公司想飛就可以來飛的，依照慣例，應該是要向艦隊週活動贊助經費，才可以得到這個打廣告的機會。

當七四七離開之後，空中出現了有別於噴射引擎的低沉吼聲，原來是被稱為「Fat Albert」的「藍天使」C-130後勤專機出現在天際！每當這架有著特殊塗裝的C-130出現，就代表著「藍天使」馬上就要出場了！果然，過沒多久，四架全藍的F/A-18戰鬥機出現在大家的目光中，全場民眾都報以熱烈的歡呼與掌聲，當「藍天使」用整齊一致的編隊飛過我們上空時，胖子忍不住滔滔不絕地說起他以前在空軍的經驗：「唉唷，沒什麼嘛！編隊飛行只要……」芒果跟鴨子完全不為所動，專心地看著「藍天使」的高超飛行技術。

但胖子卻欲罷不能，越說越起勁，受不了的芒果冷冷地回說：「胖子，你為什麼就不能專心地用眼睛看呢？」

胖子回答：「我很專心啊！你要說什麼？」

鴨子也沉不住氣了，對著胖子吼道：「他要說：『你他媽的給老子閉嘴』！」

看了一整天精采絕倫的表演，三人都深深覺得美國做為一個軍事大國，在國防教育上的行銷果然有其獨到之處。而經過一整天的日曬，外加海風吹襲，鴨子跟芒果都感冒了！在開車回佛雷斯諾的路上，變成胖子開車，而胖子就趁著兩個多小時的車程，繼續說著「藍天使」的編隊特技要如何如何飛……

鴨子倒在前座上，即使全身無力，卻還是用意志力拼命擠出了一句：「死胖子……你給我閉嘴……」

胖子開車載鴨子和芒果回佛雷斯諾的路上

三人前進灣區預計行腳路線圖

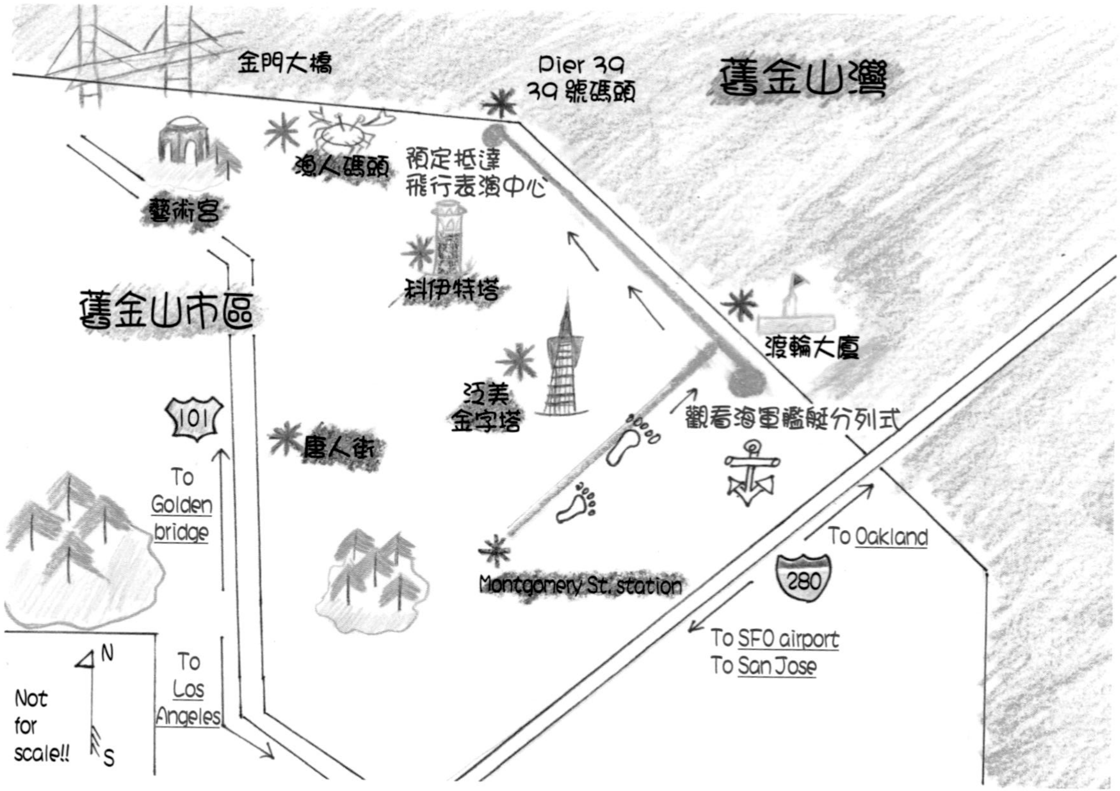
金門大橋
Pier 39
39號碼頭
舊金山灣
漁人碼頭
預定抵達
飛行表演中心
藝術宮
科伊特塔
舊金山市區
渡輪大廈
泛美
金字塔
觀看海軍艦艇分列式
101
唐人街
To
Golden
bridge
To Oakland
Montgomery St. station
280
To SFO airport
To San Jose
N
S
To
Los
Angeles
Not
for
scale!!

第 300 天
學成歸國
才是挑戰的開始

筆試、面試跟模擬機三個關卡：
完成夢想的最後一哩路

飛機降落的那一刻，不是結束，而是另一階段的開始

當初剛到加州時，總以為國外的飛行生活會是多麼困難重重，但時間飛快地過去，三百天的飛訓課程，在飛機降落桃園機場的那一刻算是正式結束了，回國後的三隻航空界菜鳥也開始忙碌的體檢、民航局考照跟準備航空公司的筆試及面試，而漸漸地少了聯絡。

不過「兄弟爬山，各自努力」，雖然不像在加州學飛時，天天見面，但彼此心中仍然是互相扶持的，因為大家心中都有個幼稚的畫面，那就是下次見面的地方會是在世界上的某個機場裡，大家穿著帥氣的機師制服，聊著你去過的巴黎，或我住在夏威夷的種種……

「夢想」總是前進的動力，而「幻想」不是……要成為民航機的機師，除了在國外學飛時，小心翼翼，不容閃失外，回國後參加一連串血淋淋的應徵過程，其實才是完成夢想的最後一步，想通過應徵要面對的關卡還不少，各家航空公司的考試順序大致分為筆試、面試跟模擬機三個過程，筆試內容包含了基本飛行的理論及概念、航管的規則，以及一些公司內部對個人人格特質的問卷，考試內容會不定期更動，但原則上都還算有努力念書就可以通過的項目。

對大部分人來說，「面試」絕對是最心驚膽顫的一關，除了傳統面試三（或四）對一之外，現在某些公司還有團體面試的項目，讓考生聚在一起，用中文或英文共同討論一個主題，藉由討論的過程觀察每個考生的反應，還有與人相處溝通的情況，如果沒受過專業訓練的人可能就會在這裡出局了。

最後一關是模擬機——「整人箱」，當然是用來測試每個人的飛行能力，同時也是考驗「受教能力」，因為航空公司希望找來的飛行員當然是要「可教化」的，所以在考試過程中，重要的不見得是飛行能力有多強，而是能否持續地進步，並且能夠在指導過後，可以虛心改進。

通過了三關，還不能安心，因為公司還要做「擇優」的考量，也就是隨著景氣的變化及人力的需求來決定收多少新進飛行員，大環境不好的時候，身懷十八般武藝也進不了公司；相反的，缺人的時候，同時錄取好幾家，甚至遇到搶人大戰也都是有可能的。

做最好的準備，也做最壞的打算，千里迢迢喝了洋墨水回來，最後成為流浪機師的人也不在少數，回國後除了把該準備的學、術科都百分之兩百的準備就緒外，信佛祖的就去拜佛祖，信耶穌的就多禱告吧，因為，幸運之神是否眷顧，你永遠也不會知道，所以，如果最後不幸沒有穿上機師的制服也不必太沮喪，因為每個為了夢想努力過的人都不會白走一遭，回頭看看，在加州那三百天自由自在地翱翔天空，不才是真正的快樂所在！

後記
你／妳適合學習飛行嗎？

「學飛行」應該是每個人都可以去嘗試的，
而在成為飛行員的路上，就是不間斷地學習，
你什麼都要懂一點，但也都不用太深入……

很多朋友跟我們認識之後，都表示有意願去美國學習飛行，也想知道什麼樣的人適合學「飛」？是不是要花大錢？或是說一定要有什麼樣的人格特質嗎？

你或許不相信，其實大部分的人都適合學「飛」，但只要去過美國學「飛」後，就會相信學飛行根本不是一件多麼了不起的事，因為，在美國的飛行學校多如牛毛，比我們的汽車駕訓班還多……在美國有人開飛機通勤上班、也有人用飛機從事各種活動，比如說噴灑農藥、地圖描繪測量、警用消防及巡邏、休閒跳傘……更多的是全家開飛機出去玩，有的社區甚至還有自己的跑道，飛機從家裡的車（機）庫直接滑行出去就起飛了。

各種你在臺灣想像不到的將飛機當成「自家車」的交通方式都可以在美國發生，所以我說學飛行應該是每個人都可以去嘗試的，因為考取一張私人飛行執照（Private Pilot License）並不是一件多困難的事，花費也不會太嚇人，大約二十萬到五十萬不等的學費，體檢的標準也大概跟臺灣汽機車體檢的標準差不多，去飛行學校泡個三到五個月，絕大多數的人都可以完訓，然後，開飛機到處遊山玩水……所以你說會很難嗎？

不過如果你是想要以飛行當成職業，而且是想要報考臺灣的航空公司，那就是另一回事了，審慎地評估自己的身家，是必要的，除非你家裡經濟環境容許你把兩百多萬的現金丟水裡，否則，沒有人可以保證你學飛回來可以考取航空公司，如願地穿上機師制服……因為「流浪機師」到處都是。

所以，想當機師的人，出國學飛前的準備真的非常重要，在此，以「過來人」的身分，為大家整理以下幾點出國學飛行必須做的準備。

一、民航局體檢。
二、學費與生活費的預算。
三、語文能力。
四、人格特質。

首先從個人的體檢標準來說，你必須取得中華民國民用航空局航醫中心所發給的Class1體檢證，或許已經有不少人聽過了，這個體檢標準難度頗高，幾個重點內容包括了心理測驗、運動心電圖、血糖代謝檢測、很詳細的視力及聽力檢查、X光、超音波……等，還有一大堆的血液生化檢查，而首次體檢需要兩天時間，如果順利通過了，那真的非常恭喜你過了第一關，因為你是一位頭好壯壯的健康寶寶。

再來，就不免俗地談談錢的問題，預算多少才夠？有的人只花了一百萬臺幣就拿到執照回來臺灣，而有的人花了三百萬，甚至更多（單純討論學費的部分），差別在哪裡呢？最主要的不同在於飛行學校的規模，使用的訓練機型，以及提供的軟硬體設備；在選擇學校方面是見仁見智，沒有說貴的就好，不過太便宜的可能要小心是不是有「附加費用」，或是學校的經營有問題，原則上如果是有名氣的學校加上學費，費用落在兩百萬左右的應該都可以放心報名啦！

如果你很要求飛行血統，一定要去歷史悠久的貴族學校，再加上口袋夠深，那當然可以去類似UND、AEROSIM……等等航空名校囉。至於生活費預算嘛，所居住的城市關係重大，住洛杉磯跟住在佛雷斯諾當然不一樣，房屋租金每個月就差了至少兩百元美金，還有就是買車養車，有的人喜歡跑車，而有的人只需要一般國民車就好，那花費當然也不同；所以生活費的預算大概每月一千到一千兩百元美金（含房租），應該是一個很平均的價位了。

頭好壯壯又有錢，可以出發了嗎？先等等，我們來看看自己個人的「人格特質」及「語言能力」夠不夠吧。「語言能力」的強弱在剛到美國的時候影響很大，「飛行天才」但卻是個「語言低能」去學飛行也是粉辛苦的。所以先考個多益（TOEIC）看看自己多少分吧，聽力及閱讀的分數建議六百五十分為基礎，當然不代表比這個分數低就不能去學飛行，只是會比較辛苦一點，況且，六百五十分是航空公司招考飛行員的最低標準，先達到這個標準也是應該的。

最後一點也是最重要的一點，那就是「人格特質」，簡單的說就是「個性」，職業飛行員要具備的特質很多，抗壓性、好奇心、求知慾……等等，而我們只談一點，那就是「紀律」，因為其他的特質或許可以慢慢再培養，但是「紀律」這一點是在你學飛初期就必須具備的，為什麼呢？

飛行員要遵守的規定太多，而便宜行事、自作聰明這種壞習慣在很多時候是會要了你的命，例如在之前的篇章談過的IMSAFE檢查程序，便是每一趟飛行前都必須自己好好審視一番，還有在航空公司工作，有無數的SOP要遵循，飛行安全就是建立在所有機組員都能嚴格，而且不馬虎地遵守規定。

以上所述，或許講得太嚴肅，不過都是事實，總而言之，在成為飛行員的路上，就是不間斷地學習，你什麼都要懂一點，但也都不用太深入，這大概是對於飛行這個工作的最佳註解。

國家圖書館出版品預行編目資料

加州飛行300天 : 一起去加州學飛吧 / 胖子, 鴨子,
芒果著. -- 初版. -- 臺北市 : 華成圖書, 2018.04
面 ; 公分. -- (閱讀系列 ; C0352)
ISBN 978-986-192-320-8(平裝)

1.飛行員 2.飛機駕駛

447.8 107002517

閱讀系列 C0352

加州飛行300天：一起去加州學飛吧

作　　者／胖子・鴨子・芒果

出版發行／華杏出版機構
華成圖書出版股份有限公司
www.far-reaching.com.tw
11493台北市內湖區洲子街72號5樓（愛丁堡科技中心）
户　　名　華成圖書出版股份有限公司
郵政劃撥　19590886
e-mail　huacheng@email.farseeing.com.tw
電　　話　02-27975050
傳　　真　02-87972007
華杏網址　www.farseeing.com.tw
e-mail　adm@email.farseeing.com.tw
華成創辦人　郭麗群
發 行 人　蕭聿雯
總 經 理　蕭紹宏

主　　編　王國華
責任編輯　楊心怡
美術設計　陳秋霞
印務主任　何麗英
法律顧問　蕭雄淋・陳淑貞

定　　價／以封底定價為準
出版印刷／2018年4月初版1刷

總 經 銷／知己圖書股份有限公司
台中市工業區30路1號　電話 04-23595819　傳真 04-23597123